典型鱼雷网式过滤器的试验研究及数值模拟

阿力甫江·阿不里米提　虎胆·吐马尔白　主编

木拉提·玉赛音　马合木江·艾合买提　副主编

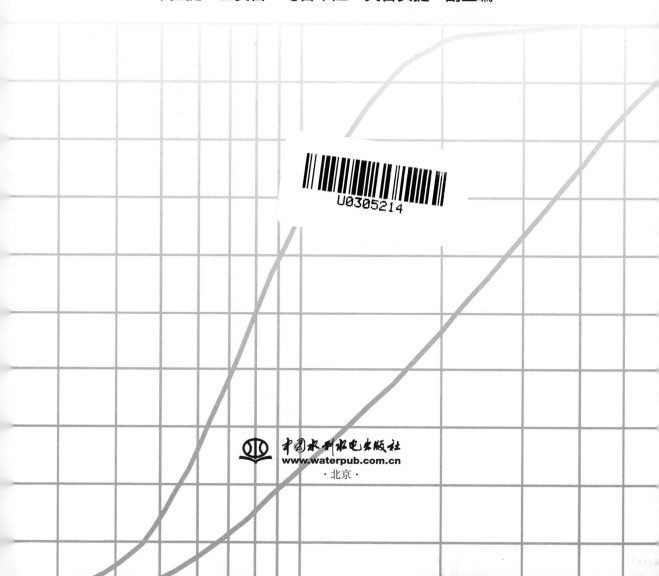

中国水利水电出版社

www.waterpub.com.cn

·北京·

内 容 提 要

　　鱼雷网式过滤器是一种新型的除沙设备。本文对鱼雷网式过滤器作了较为系统深入的研究：采用了物理模型试验、数值计算、现场测试及理论分析等方法对鱼雷网式过滤器进行了研究，揭示在清水和浑水条件下不同出水口、不同流量对过滤器水头损失和过滤时间的影响，并提出过滤器运行的关键技术参数；试验探讨不同的出水口位置、流量、滤网目数对该过滤器的影响，并基于DPM模型对悬浮颗粒进行追踪及颗粒分布情况的探讨。研究成果为鱼雷网式过滤器优化结构参数、在实际应用中选择最优操作参数及今后的深入研究奠定了理论基础和依据。

　　本书可供从事农业、水利、环境等研究工作者，大学教师、学生、研究生和其他对过滤器及其工作原理感兴趣的读者阅读。

图书在版编目（CIP）数据

　　典型鱼雷网式过滤器的试验研究及数值模拟 / 阿力甫江·阿不里米提，虎胆·吐马尔白主编. -- 北京 ：中国水利水电出版社，2018.1
　　ISBN 978-7-5170-6287-5

　　Ⅰ．①典… Ⅱ．①阿… ②虎… Ⅲ．①过滤机－研究 Ⅳ．①TQ051.8

　　中国版本图书馆CIP数据核字(2018)第014025号

书　　名	**典型鱼雷网式过滤器的试验研究及数值模拟** DIANXING YULEI WANGSHI GUOLÜQI DE SHIYAN YANJIU JI SHUZHI MONI
作　　者	主编　阿力甫江·阿不里米提　虎胆·吐马尔白 副主编　木拉提·玉赛音　马合木江·艾合买提
出版发行	中国水利水电出版社 （北京市海淀区玉渊潭南路1号D座　100038） 网址：www. waterpub. com. cn E-mail：sales@waterpub. com. cn 电话：(010) 68367658（营销中心）
经　　售	北京科水图书销售中心（零售） 电话：(010) 88383994、63202643、68545874 全国各地新华书店和相关出版物销售网点
排　　版	中国水利水电出版社微机排版中心
印　　刷	北京瑞斯通印务发展有限公司
规　　格	184mm×260mm　16开本　11印张　261千字
版　　次	2018年1月第1版　2018年1月第1次印刷
印　　数	0001—1000册
定　　价	**58.00元**

前　言

　　水资源在人类的生产生活中，尤其是农业生产中起到了至关重要的作用，它是人类生存和发展不可或缺的资源。我国是一个农业大国，随着人口的增长和工业的迅速发展，水资源短缺和水污染的问题日益严重，成为制约农业发展的关键问题。因此，实施节水灌溉至关重要。近年来，微灌技术的发展非常迅速，并且能够实现劣质水利用，改善生态环境。微灌系统中的过滤处理可以避免滴头堵塞和保证微灌系统的正常运行。过滤器是能够有效去除水中杂质，保证微灌系统正常工作的关键设备。因此，研制和开发高效、节能、经济的过滤器系统是保证微灌系统正常发挥经济效益的前提。

　　全书内容共分8章：第1章绪论，主要总结微灌技术的发展和过滤器研究现状和研究意义；第2章对鱼雷网式过滤器的清水试验和运行特性进行描述；第3章对鱼雷网式过滤器的浑水试验和运行特性进行描述；第4章对鱼雷网式过滤器的流场建立数值模型并进行验证；第5章对鱼雷网式过滤器的内部流场建立数值模型并分析其工作机理；第6章应用多相流模型对浑水条件下鱼雷网式过滤器内部泥沙颗粒的运动及分布进行分析；第7章对鱼雷网式过滤器在生产生活中的实际应用进行阐述；第8章结论与展望。

　　本书的出版得到了国家自然科学基金"大规模滴灌条件下棉田土壤盐分积累过程与排盐模式研究"（51469033）和新疆维吾尔自治区"十二五"重大专项"新疆绿洲灌区节水关键技术和用水安全研究与示范"（201130103－3）项目资助。感谢武汉大学黄介生教授、罗金耀教授和董文楚教授，太原理工大学马娟娟教授，新疆石河子大学刘焕芳教授、宗全利教授等对本书提出了许多宝贵意见和建议。同时，也感谢新疆鑫水现代水利工程有限公司总经理克尤木·别克先生、行政副总经理阿不都赛米·买买提先生、总工程师阿不都热合曼·尼亚孜先生以及新疆鑫水现代水利工程有限公司加工厂实验室的卡合曼·艾买尔先生和艾尼瓦尔江·亚克甫先生等对本书室内外试验提供的支持和帮助。

　　本书是对多年的研究成果进行的提炼、加工，其中难免存在遗漏问题和错误，望读者提出宝贵意见。

作者

2017 年 5 月 10 日

作 者 简 介

阿力甫江·阿不里米提　男，博士，副教授，维吾尔族，新疆阿图什人，出生于 1967 年 6 月。1986 年 9 月至 1990 年 7 月就读于南京河海大学农田水利专业，获工学学士学位。自 1990 年至今在新疆水利水电学校任教。2006 年 9 月至 2011 年 7 月及 2013 年 9 月至 2016 年 12 月就读于新疆农业大学水利水电工程专业，分别获工学硕士学位和工学博士学位。

阿力甫江·阿不里米提根据十几年从事于微灌工程设计、安装施工及微灌系统关键设备之一过滤器的研发、生产以及售后服务等实际经验，并在阅读、总结和分析国内外有关砂石、离心水砂分离器及各种类型筛网过滤器文献的基础上，设计研发了 10 余种微灌工程常用的过滤器，并获得了国家知识产权局颁发的专利证书，其中有 11 项实用新型专利，2 项发明专利。全自动鱼雷网式过滤器是在传统的网式过滤器的基础上改进的一种新型网式过滤器。至今，国内外诸多专家学者对全自动鱼雷网式过滤器的研究甚少，在这样借鉴参考资料极其缺乏的研究条件下，他自筹资金专门在新疆鑫水现代水利工程有限公司建立水力学试验室，揭示鱼雷网式过滤器的工作机理以及在清水和浑水条件下的水力性能，探明鱼雷网式过滤器的清水全流场和水砂两相流全流场，并进一步对其结构进行优化，将鱼雷网式过滤器运用于实际工程。

阿力甫江·阿不里米提在农业工程学报、节水灌溉、水利与建筑工程学报等刊物上发表学术论文 20 余篇。2013 年获得新疆维吾尔自治区科学技术普及奖（个人奖）；2015年1月获得新疆维吾尔自治区科技进步三等奖；2015年4月获得新疆维吾尔自治区水利科学技术二等奖。主持和参与50余项科研课题，如新疆科技创新项目"8GW-200农业滴灌用往式过滤示范推广"、新疆水利科技项目"自主研制全自动鱼雷网式过滤器""全自动鱼雷网式过滤器产业化生产"等多项地区重点科技项目。

虎胆·吐马尔白 男，哈萨克族，博士，教授，博师生导师。1984年8月毕业于新疆农业大学农田水利工程专业并留校任教；1991—1996年就读武汉大学农田水利工程专业研究生，并于1994年3月获得工学硕士学位，1996年9月获得工学博士学位；2001—2002年在英国伯明翰大学地球科学学院做博士后，2006年12月至2007年6月在美国加州大学河滨分校做高级访问学者，2015年12月至
2016年3月在澳大利亚阿德莱德大学进行国际合作研究。

给本科生主讲《地下水利用》《水文地质及地下水专题》课程，给硕士、博士研究生讲授《土壤水动力学》《农业水土工程专论》《溶质运移理论》等课程，培养博士研究生8名、硕士研究生30余名、博士后2名，其中6名研究生获得新疆维吾尔自治区优秀硕士学位论文。2008年8月主编了全国高等学校《地下水利用》统编教材。主持完成了国家自然科学基金项目、新疆维吾尔自治区自然科学基金、国家科技支撑项目和自治区重大专项、国家部留学回国人员、自治区世行办科研项目以及自治区引智项目等20余项。目前正在主持国家自然科学基金、新疆维吾尔自治区重大专项及河海大学水文水资源与水利工程科学国家重点实验室开放研究基金面向项目"干旱绿洲连作滴灌棉田根系层盐分累积效应与控盐模式"等3个项目。主持完成的"绿洲农田水盐动态及排水工程设计计算方法研究"和"新疆灌区滴灌农田水盐演化规律及调控技术研究"

课题分别在 2011 年 12 月和 2014 年 12 月获新疆维吾尔自治区科学技术进步三等奖，完成的"干旱区绿洲耗散型水文模型及其在塔里木河流域的应用"课题在 2007 年 1 月获教育部科学技术进步二等奖，完成的"塔里木盆地水盐平衡与地下水模拟研究"课题在 1999 年 12 月获得新疆维吾尔自治区科技进步三等奖。在国内外学术刊物上发表论文 140 余篇（其中被 EI、SCI 收录 15 篇）。

新疆农业大学农业工程硕士点学科负责人，中国青年科技工作者协会会员，全国高等学校水利学科教学指导委员会农业水利工程专业教学指导分委员会委员，中国农业工程学会农业水土工程专业委员会委员，新疆维吾尔自治区学位委员会学科评议组成员，新疆维吾尔自治区科技厅农业科技专家委员会委员，新疆坎儿井研究学会理事，新疆水利学会理事，新疆农业大学学术委员会委员，新疆农业大学学位委员会委员。

本书主要符号说明

Q	流量，m^3/h
V	流速，m/s
v_m	平均流速，m/s
D	出水口直径，m
d_m	滤网孔径，mm
d_n	鱼雷直径，mm
μ	黏滞系数，$Pa \cdot s$
ρ	密度，kg/m^3
P	压强，MPa
h_w	水头损失，m
S	含沙量，g/L
t	过滤时间，min
ε	孔隙度，$\%$
S_p	排污含沙量，g/L

目　　录

第1章 绪 论

1.1 研究背景及意义

随着人类社会的不断发展，工业和农业用水需求的继续增长，全球水资源短缺现象在时间和空间上日益突出和越来越严重。将来 20 年内，全世界大概 40％的用水需求不能得到满足。中国 960 万 km^2 的国土面积中干旱和半干旱区域占大多数，可以说是世界上最缺水的国家之一。我国水资源总量为 2.8 万亿 m^3，占世界水资源总量的 5.6％，人均占有量为 $2300m^3$，不足世界平均人均水资源占有量的 1/4，是世界上 13 个贫水国家之一，年缺水近 400 亿 m^3，因缺水造成的损失达 2300 亿元[1]。预计到 2030 年，中国人均水资源占有量降至 $1760m^3$[2]。因此，我国未来水资源的形势是严峻的。

全国年均总用水量当中，农业用水所占比例较高，为 3600 亿 m^3，但是农业用水的效率却不高，仅为 0.5 左右。2012 年，国务院印发的《关于实行最严格水资源管理制度的意见》（国发〔2012〕3 号）中提出灌溉水有效利用系数到 2015 年提高到 0.53，到 2020 年提高到 0.55 以上的目标。《全国水资源综合规划》《全国灌溉发展总体规划》和《国家农业节水纲要（2012—2020)》也进一步明确，到 2020 年农田灌溉水有效利用系数达到 0.55 以上，2030 年提高到 0.60 以上的目标[3]。但发达国家灌溉水利用系数在 0.8 以上，与之相比差距仍然很大。因此，大力发展节水灌溉技术，实现高效节水现代农业将成为我国农业灌溉用水的基本战略和发展方向[4]。

新疆维吾尔自治区（以下简称新疆）地处欧亚大陆腹地，远离海洋，降水稀少，蒸发强烈，自然环境脆弱。从水资源角度看，新疆多年平均降水量为 147mm，平原区蒸发强烈，潜在蒸发能力北疆 1500～2300mm，南疆一般在 2500～3000mm。全区地表水资源量为 794 亿 m^3，含国外入境水量的河川径流总量为 882 亿 m^3，扣除羌塘高原等无人生态自身涵养区不可利用量 38 亿 m^3，新疆的地表水河川径流总量为 844 亿 m^3，这是新疆平原绿洲资源性可以利用总量的地表水量。现状全新疆总用水量 460 亿 m^3，其中农业灌溉用水 420 亿 m^3，用水效率为 50％。地下水开采量 40 亿 m^3，其中南疆地区的开采量不足 6 亿 m^3[5-8]。

新疆是绿洲灌溉农业区，地广人稀，人均土地资源占有量全国第一，耕地面积所占比重较大，现有耕地 420 万 hm^2，并且还有很大一部分宜农荒地 0.1 亿 hm^2。再加上该地区处于北温带干旱性气候区，光热资源相当丰富，这就有利于提高农产品品质，是全国粮、棉、特色林果、油、糖的重点开发基地[9-13]。新疆自然气候属于干旱和半干旱，年均降雨量少，但年均蒸发量却远远大于降雨量，除此之外，新疆水资源分布和降雨量分布无论是在时间上还是空间上都很不均匀，夏季由于积雪融化和山区降水，导致河川径流量分配极不均匀。新疆水资源严重短缺和水资源利用率的偏低现实状况制约着新疆土地资源的开发利用、农业经济社会的可持续发展。

对于新疆干旱和半干旱地区来说，大力推广节水灌溉技术是解决水资源紧缺而供水矛盾突出问题的重大举措，其意义更为深远和重大。节水灌溉技术当中，微灌技术越来越受到世界各国的关注和重视，在这方面的研究也越来越多。尤其近几年，微灌技术发展非常迅速。由于微灌具有节约水资源、节省劳动力、占地面积少、适应性强、可利用咸水灌溉、不影响其他农事活动，并且能够实现增产增收，灌溉均匀性好，提高农产品品质，减少污染，劣质水利用，改善生态环境，还可与田间其他设备组成系统进行自动化管理的优点[14-15]，适应了中国水资源短缺的要求，尤其是在新疆迅猛发展，推广面积也在逐年增加。

1.2　农业高效节水的研究现状

微灌是节水灌溉的主要形式，受到世界各国的高度重视。1860 年，德国人将瓦管埋于地下用于灌溉，揭开了人类微灌的序幕。至今，微灌已成为世界农业节水灌溉的主要形式，具有广阔的应用前景，是农业灌溉发展的大方向。我国现代微灌技术始于 1974 年引进墨西哥的滴灌设备[16]，大致经历了引进、消化和试制（1974—1980 年）、深入研究和缓慢发展（1980—1990 年）、快速发展（1990 年以后）3 个阶段[17]。2010 年中央 1 号文件《关于加快水利改革发展的决定》提出加大水利建设，实施最严格的水资源管理制度。《国家农业节水纲要（2012—2020）》指出：把节水灌溉作为经济社会可持续发展的一项重大战略任务。全国农田有效灌溉面积达到 10 亿亩，新增节水灌溉工程面积 3 亿亩，其中新增高效节水灌溉工程面积 1.5 亿亩以上，农田灌溉水利用系数达到 0.55 以上，全国旱作物节水技术推广面积达到 5 亿亩以上，高效用水技术覆盖率达到 50% 以上[18]。目前，新疆经济社会用水量为 493.66 亿 m^3，其中农业灌溉用水占总供水的 95%，而对 GDP 的贡献率却只有 17.1%，而农业灌溉仅有 39.2% 采用了高效节水灌溉，农业节水潜力很大[19]。近年来，新疆已累计建成高效节水灌溉面积超过 3000 多万亩，占灌溉总面积的近四成。根据《新疆高效节水建设方案》及《新疆农业节水建设发展规划》确定了每年完成农业高效节水面积 300 万亩以上，至 2020 年新疆农业高效节水面积累计达到 4300 万亩以上的推广目标。滴灌技术的不断推广应用，不仅提高农作物产量和品质，而且大幅度地节约农业用水，为工业的顺利发展和城乡饮水安全奠定扎实的供水保障基础。

微灌水源（如井水、河渠水、雨水、库塘水）都含有不同程度的污物和杂质[20]，即使水质良好的井水，也会含有少量的泥沙和一些化学沉淀物，如果不对水源进行沉淀过滤，势必会对灌水器造成不同程度的堵塞。在新疆地区，作物大量需水的生育期正是河流的汛期，80% 以上的灌溉水源为地表水源，主要来自于高山冰川雪水，部分来自于地下水[21]，而且地表水具有含沙高、杂草、漂浮物较多、还含有不同程度的微生物和化学物质及其变异大的特点，这些必将会造成灌水器堵塞，严重降低微灌系统的使用寿命[22]。除此之外，在微灌系统中由于灌水器孔口小，所以流量也较小，一般在 2～200L/h。通常水流通道和出水口直径做的非常小，一般在 0.3～2mm[23]，这样小的孔口，如果不做好预防，往往会引起堵塞，因此，微灌系统对灌溉水的水质要求很高。在进入微灌系统管网的水中不能含有以上的杂质，否则造成灌水器的堵塞，影响灌水质量，严重的会造成整个微灌系统瘫痪。灌水器堵塞可能是微灌系统中遇到的最困难的问题，它造成灌水器流量的减少和沿毛管（滴灌带）的配水不均，如果不及时发现并清洗或更换灌水器，就会使作物受到严重损害[24]，甚至系统瘫痪报废[25-26]。为了避免滴头堵塞和保证微灌系统正常运行，在微灌系统中灌溉水源过滤处理就显得尤为重要。过滤器是能够有效清除灌溉水中的各种杂质，保证微灌系统正常工作的关键设备[27-29]。因此，研制和开发高效、节能减排、经济、可靠的各种型号的过滤器系统是保障微灌系统正常发挥经济效益的必要条件，也是发展节水灌溉技术的首要前提。

1.3 过滤器国内外研究动态

随着农业高效节水技术的迅速发展，微观系统中杂质处理设备与设施在理论研究、研制及实际应用性能方面都取得了飞跃的进步。尤其是过滤净化技术在原来简单的手工操作基础上，实现了大型化、机械化和自动化生产[30]，使过滤器在实际微灌工程使用过程中变得越来越简便和人性化。微灌用过滤器按制造材料可分为钢制和轻质高强塑料过滤器等两大类，按工作原理可分为水力旋流（离心）过滤器、砂石过滤器、网式过滤器、叠片式过滤器等；从过滤器控制方式分为自动控制过滤器和手动控制过滤器；从过滤器组合形式分为组合型过滤器和大型完整的过滤站等[31]。基于过滤器在微灌系统的应用，国内外学者对过滤器的研究发展主要经历了3个历程：①各种单一过滤器的过滤工作原理和水力性能研究；②根据水源水质要求将各种单一过滤器相互组合成新的过滤器，即组合型过滤器的研究，常见有旋流（离心）网式过滤器、砂石网式过滤器、砂石叠片式过滤器及旋流（离心）砂石网式过滤器等；③对过滤器的冲洗方式进行研究，主要有手动反冲洗和自动反冲洗。

1.3.1 水力旋流（离心）过滤器

水力旋流过滤器或称离心过滤器。离心过滤器除了广泛应用在微灌系统中外，还被广泛应用于石化、非金属矿业及环保等许多行业[32-34]。离心过滤器主要用于以井水和含沙量较高的地表水为灌溉水源的微灌系统中，其工作原理是水流从离心过滤器的上部圆柱体进口切向进入，在水流旋转离心力的作用下分离出水中绝大部分砂粒或大于水密度的固体物质，分离处的这些砂粒或固体物质在重力作用下沿壁面自然下落至沉砂罐中，清水、部分小粒径砂粒及小于水密度的杂物则在中部高压能作用下上升并通过上部出口进入出水管。离心过滤器的操作简便，其内部没有筛网及可拆卸部件，冲洗方式为通过开启沉砂罐上的排污阀来实现。当在水源中含有有机物和较轻的杂物时过滤效果不太理想，故一般在微灌系统中作为初级过滤设施来使用。

随着我国节水灌溉技术的迅速发展，国内许多专家学者对离心过滤器的结构优化和水力性能进行了充分的研究，而且在各个领域发挥了明显的社会效益和经济效益。辛舟[35]将泥沙含量高的黄河水作为试验水源，对离心过滤器进行了泥沙分离试验，分析影响离心过滤器水砂分离效果的结构和水力性能等参数，即按照里特马（Rietema）关系式计算出旋流分离器的圆柱段直径 $D_c = \sqrt{Q/23.2k}\sqrt{\Delta p/\rho_i}$，根据布氏（Bredley）平衡轨道理论验算了边界分离粒度 $d_{ep} = 1.02\sqrt{\mu/\Delta \rho v_i}(D_o/He)$。吴柏志等[36]从微观角度对离心过滤器在运行情况下的内部泥沙颗粒的受力状态、运动状态、流场及颗粒的运动方程进行了分析，并客观分析指出离心力、液体的浮力以及水流颗粒之间的黏滞阻力都会影响泥沙颗粒的运动状态。刘永平等[37]以黄河水为试验水源对离心过滤器进行了模拟试验，分析了离心过滤器的各项水力性能及结构参数对过滤器水砂分离效率的影响。杨晓军等[38]在实际调查和理论分析的基础上，对离心过滤器工作性能机理进行分析对比，探讨了其用于实际生产的条件，并得出离心过滤器运行同时可以排污，切向进入流速较小，产生离心力较小，过滤效果差。沙亿超等[39]对离心过滤器进行理论研究和实际应用分析并指出影响离心过滤器水砂分离效果的主要技术参数。褚良银等[40]采用湍流代数应力模型对离心过滤器内部湍流场进行了数值模拟，揭示了离心过滤器内的湍流结构不仅与其分离性能密切相关，而且直接影响到该单元操作的能量损失。郑铁刚等[41]基于离心过滤器实际微灌工程上的应用分析，指明离心过滤器的应用条件和根据不同灌溉水源选用不同型号离心过滤器的理论基础。任连城等[42]利用现有离心过滤器流场分析理论研究成果，提出常规离心过滤器存在的短路流问题，在此问题的基础上增设轴向零速包络面过滤网的结构优化思路，并对其合理性和可行性进行了理论上的分析论证，同时讨论了滤网对流场的影响及相关的问题。孙新忠[43]在原有的常规离心过滤器的基础上，研究出了一种适于 $Q = 80 \sim 140\text{m}^3/\text{h}$ 流量范围内应用的新的一体式结构过滤器，此种过滤器的水砂分离效果达到了国内同类产品的水平，而水头损失仅相当于同类产品的 $32.5\% \sim 68.6\%$，成本仅为同类产品的 $30\% \sim 40\%$。此新颖离心筛网一体式过滤器已在实际微灌工程上开始应用，并且使用情况与试验结果相符。王永虎等[44]通过 CFD 技术对水源为黄河水的离心过滤器建立 RNG 数学模型并对其进行深入细致的系统研究，解析离心过滤器内颗粒运动的轨迹及其影响因素，以期预测旋流器颗粒分离效率。杨胜敏等[45]根据多年的理论研究和微灌工程运行实际经验，探索出离心过滤器的适用条件及其在实际应用过程中影响水砂分离效果的各种操作因素、水力性能参数及水质条件等。韩丙芳等[46]针对黄河高含沙水微灌的严重堵塞问题，系统分析离心过滤器的水砂分离工作原理，指出影响水力性能的诸多因素及其适用条件。耿丽萍等[47]采用一种简化的多流体多相流模型及雷诺应力湍流模型建立了水力旋流器内液固多相流流动的数学表达式，并对高炉污泥旋流分离进行了数值模拟，数值模拟结果和物理试验结果吻合很好，从数值模拟结果可看出底流管直径对分离效率的影响较明显，而且直径较小的旋流器污泥分离效果较好。G. Q. Dai 等[48]采用改进的 $k\text{-}\varepsilon$ 湍流模型对旋流分离器内流体的速度分布和压力分布进行了数值模拟，并描述其内部能量损耗情况，因而，为旋流分离器的结构优化设计和实际操作奠定了扎实的理论基础。王志斌等[49]在考虑液相和固体颗粒之间相互作用的条件下，对液相采用雷诺应力模型（RSM），固体颗粒采用随机轨道模型模拟出固相的运动轨迹，并形象地反映出固体颗粒在旋流器中的分离过程，分析旋流器底流与溢流所含的颗粒数量，在与物理模型试验比较发现两者相近，从而为确定粒级效率提供一种理论方法。苏劲等[50]通过多指标正交试验的优化和数值模拟的同步研究，提出延长分离介质的滞留时间，提高给料压力，降低中心准强制涡的速度梯度，减缓正向轴速度的径向变化梯度是提高分离效果主要途径的原理，从而经物理模型试验与数值模拟对比，进一步揭示出了试验优化旋流器达到最佳分离的动力学机理。李正平[51]、李振成等[52]研制出一种离心筛网一体式的新型水砂分离过滤器，并对其水力性能进行室内外试验，结果显示此种过滤器水砂分离性能优越于微灌常用的单一离心过滤器，在高含沙水源水砂分离方面具有很高的推广价值。单丽君等[53]采用CFD方法对水沙分离器圆柱部分内部流场进行数值分析，并揭示边界条件和模型结构对流场的影响，从此得出适当减小入口水流速度有利于提高离心过滤器水砂分离效果的结论。刘凡清等[54]从理论研究和实际试验角度详细描述水力旋流器旋液的流型、悬浮颗粒的运动规律、水砂分离效率、压强降及设计参数的合理选择方法等，为离心过滤器结构优化和研制打下坚定的理论基础。刘育嘉[55]根据导叶式旋流过滤器的基本结构，设计研发三组旋流过滤器，采用试验和数值模拟结合的方法对其进行水砂分离性能研究分析，试验通过改变旋流过滤器的圆柱段高度，分析其对旋流过滤器分离效率、压力降、过流流量的影响，并优化出最佳结构的旋流过滤器，进一步地研究进料流量、底流率、进料浓度及物性参数对分离性能的影响。庞学诗[56]基于最大切线速度轨迹法生产能力计算式和分级旋流器最佳几何相似关系，并得出设计旋流器基本直径的半经验公式 $D = \dfrac{1.95q_m\,0.5\rho^{0.25}}{\Delta p_m^{0.25}\left[C_w + \rho(1-C_w)\right]^{0.25}}$，为旋流分离器的设计开发奠定了坚实的基础。邱元锋[57]系统总结和分析了在国内外诸多学者有关水力旋流器研究进展和科研成果的基础上，设计了一种新型的水力旋流分离器（200XLF），对其进行了物理模型试验，与此同时，利用Fluent软件对此新型水流旋流器进行内部流场数值模拟，通过对数值模拟结果与试验数据进行比较分析，发现分离效率的误差在10%以内，说明数值模拟结果具有一定的可信度，而且为微灌用水力旋流分离器的结构优化设计和开发应用提供了技术依据。刘新阳[58]对微灌用水力旋流器内水沙两相流动特性进行数值模拟分析，得到水力旋流器内水相和颗粒相的流速分布情况，不同粒径颗粒的浓度分布情况及分离效率、旋流器内压力分布情况，同时建立了水力旋流器内颗粒分离粒度公式、推导了欧拉高浓度两相湍流模型和混合两相湍流模拟模型及水沙两相流动的相似准则。

在国外，对离心过滤器（旋流过滤器）的研究比较早，虽然离心过滤器的发明专利于1891年诞生，但只在第二次世界大战后才得以广泛应用于工业及其他领域[59]。Soccol. O. J等[60-61]采用几种类型的Rietema离心过滤器作为微灌系统的初级过滤设备，对其水砂分离性能进行研究和评估，经试验得出当离心过滤器运行压力范围在10～30kPa时，能够有效分离灌溉水中的粒径大于等于50μm的砂粒，即分离效率最好，同时以排污和分离能力为标准来考核总效率，因而为离心过滤器在实际应用中准确运行并获取最佳水砂分离效果提供重要的参考依据。H. Yurdem等[62]通过利用量纲分析方法对微灌离心过滤器建立数学模型，选用21种不同规格的离心过滤器进行试验，理论联系实际，并预报在清水条件下影响水头损失的技术参数，进水口、出水口内径、圆柱段直径、锥形顶端直径（底流口）、圆柱段长度、锥形体长度、溢流管插入深度、入口速度、重力加速度及运动黏滞度，给出了水头损失的理论表达式：$\dfrac{\Delta H_f}{D_i} = \phi\left(\dfrac{V_i}{gD_i};\dfrac{D_i}{D_c};\dfrac{L_c}{L_v};\dfrac{V_iD_i}{v};\dfrac{D_c}{D_a};\dfrac{L_c}{L_o};\dfrac{D_a}{L_o}\right)$，从而，为微灌系统常用离心过滤器的设计、研发及生产奠定了坚实的参考技术基础。Mailapalli, D. R. 等[63]在浑水情况下对离心过滤器的过流量、压降、含沙量及水砂分离效率等水力特性参数随时间变化进行了研究，在过滤初期，相对于在低含沙量浑水作为过滤水源的情况，过滤器对高含沙量的浑水处理效率相对要高，但在过滤中后期，其过滤效率随含沙率的变化不大，试验结果表明离心过滤器在微灌系统中只用于作为初级过滤设备。Jayen P. Veerapen 等[64]对水产业用旋流器的设计方法进行系统的研究，即以水砂分离效率和过滤流量为计算依据确定最佳结构优化方案，同时进行物理模型试验并与 CFD 模拟计算结果进行比较验证旋流分离器结构设计方法的准确性。Wu Chen、Nathalie Zydek 等[65]提出离心过滤器的选用和设计仍然以经验和试验为基准，虽然近几年开发出很多离心过滤器模型，但这些过滤器的实际应用状况对客户来说仍然不太清楚，他们以此为出发点对 Braun 等人建立而应用于生产实践中的 7 种离心过滤器模型作为研究对象进行评估，并利用美国 Dow 化学公司的生产数据进行模型性能参数检验，研究发现大多数模型有较好的预测能力，但没有一种模型能够完全反映出离心过滤器在实际应用过程中的水砂分离性能参数。Wanwilai Kraipech 等[66]在前人研究设立的离心过滤器经验模型的基础上，提出一种新的修正模型，以描述 4 个基本运行参数为重点较全面地预测特定离心过滤器的实际运行中的性能参数。A. K. Asomah 等[67]以倾斜角和泥浆黏性度为自变量，提出一种应用于矿物加工领域的旋流分离器模型，研究发现分离器倾斜度大于 45°时对其分离性能的影响非常明显，这就对预测分离器的分离界限粒径、分离效率及压力-流量关系提供参考依据。K. Nageswararao 等[68]在前人研究的旋流分离器模型的基础上，对自 20 世纪 70 年代开始一直在工业和其他领域广泛应用的 Nageswararao 和 Plitt 模型的运行性能参数进行充分的理论研究和试验论证，并得出较能够全面反映旋流器实践应用参数的 Nageswararao 旋流器的新模型。L. F. Martinez 等[69]对离心过滤器最佳溢流管深度进行试验研究，揭示溢流管深度对离心过滤器的水砂分离效果有明显的影响，经对不同规格的离心分离器进行试验发现最佳溢流管深度为旋流器总长度的 10%，此研究成果为离心过滤器的设计研发和结构优化提供了可靠的技术依据。M. D. Slack 等[70]利用雷诺应力湍流模型（RSM）和 LES 技术对离心过滤器流场速度分布情况进行数值模拟分析，研究表明模拟结果和物理模型试验数据吻合度较高。P. HE 等[71]采用数值模拟方法对离心过滤器的 3D 流场和在低含沙状态下分离效率进行计算分析，发现基于标准 k-ε 模型计算结果预测流场准确度不高，修正的 k-ε 模型计算结果与试验结果吻合的很好，与此同时，采用 2D 和 3D 轴对称计算方法比较离心过滤器的分离效率，结果显示相对于 2D 模型预测 3D 模型的预测结果准确性较高，指出采用 3D 模型准确而更好地分析水力旋流器的分离效率。M. Narasimha[72-73]运用颗粒随机轨迹理论结合 RNG 湍流模型对柱体直径 100mm 的水力旋流器计算了不同底流口和入口速度的变化对分离效率的影响（计算当中没有考虑空气柱），得到了不同情况下的分离粒度 d_{50} 在 15～23μm 之间。K. Udaya Bhaskar[74-75]随机轨迹理论结合 RSM 湍流模型，对筒体直径 50mm 和 75mm 水力旋流器的速度分布进行了分析，并得到了不同的底流口直径下两种旋流器的分离效率曲线和分离粒度。B. Wang、A. B. Yu[76]RSM 模型结合颗粒轨迹模型和 VOF 模型，得到了筒体直径 75mm 旋流器内空气柱的直径和颗粒运动规律。B. Wang、A. B. Yu[77-78]采用颗粒轨迹模型计算分离效率，考虑旋流器结构变化对分离效率曲线和压力降的影响。Jose A. Dilgadillo[79-80]，用了 3 种模型，RNG、RSM 和大涡模拟对 75mm 水力旋流器的速度分布、空气柱大小和颗粒分离效率曲线进行计算比较。Luiz

G. M Vieira[81]对 75mm 旋流器做了一定的改进，并用 RSM 模型和颗粒轨迹模型对两种旋流器进行了计算，比较了切向速度和径向速度和颗粒的运动轨迹。S. Schuetz[82]基于雷诺应力模型的颗粒轨迹模型，对 50mm 水力旋流器的分离效率和速度分布进行了研究，得到了该旋流器的分离粒度 d_{50} 在 $6\mu m$ 左右。M. S. Brennan[83]采用多相流混合模型，对离心分离器内的分离效率和不同粒径颗粒浓度分布情况进行了分析。

1.3.2 砂石过滤器

砂石过滤器是微灌系统中最关键过滤设备之一，其过滤过程属于一级过滤，即粗过滤。砂石过滤器又称作砂介质过滤器，采用一层或数层不同粒径的砂粒和砾石作为过滤介质。在微灌系统中最早使用的砂石过滤器是澳大利亚人路易斯使用的一种砂石过滤器，叫路易斯过滤器，即单罐反冲洗过滤器。砂石过滤器在微灌工程中的使用历经 3 个发展阶段，进行了 3 次较大的改进。砂石过滤器在实际微灌工程中根据过滤流量要求一般多罐并联运行。按砂石过滤器的结构形式可分为立式和卧式两种，按反冲洗方式分为手动反冲洗和自动反冲洗两种。工作原理是含有杂质的水由过滤器顶部进水管进入过滤器中，由上而下通过石英砂过滤介质层渗漏流过，杂质被砂床（石英砂过滤介质）及滤头阻挡截获，清水由下部出水管流出，完成过滤。砂石过滤器适用于地表水（如水库、塘坝、渠道及河流等）的初级过滤。在所有过滤器中，用砂石过滤器处理水中有机杂质和无机杂质最为有效，并且能够去除水中尺度比滤层孔隙尺度小的黏粒、藻类、微生物、细菌团及各种化学絮凝物质。只要水中有机物含量超过 10mg/L，无论无机物含量多少，均应选用砂石过滤器。

随着节水灌溉技术的日益更新，国内许多学者对砂石过滤器的工作原理、结构设计及水力性能进行了充分系统的研究。董文楚[84]对砂石过滤器的结构、工作原理及适用条件等进行理论研究，为砂石过滤器的设计研发和准确选用奠定了坚实的理论基础。董文楚[85]对过滤用砂料及其性能参数进行分析研究，并提出石英砂作为过滤砂，且粒径为 0.3～1.0mm 的粉碎石英砂作砂石过滤器滤料为最合适，给出了计算砂粒形状系数、孔隙率及相关性能参数的经验公式。董文楚[86]从过滤机理出发，分析、介绍了过滤层截留污物规律、滤层水头损失变化和影响水头损失的因素，并推求以粉碎石英砂作滤层的微灌用砂石过滤器的水力学公式，即水头损失计算公式 $H = \dfrac{34.74\mu^{0.48}v^{1.52}}{\rho^{0.48}g\psi^{1.48}d_i^{1.48}}\dfrac{(1-\varepsilon)^{1.48}}{\varepsilon^3}L$ 和过滤层的损失阻力系数 $C_D = \dfrac{2.45}{Re^{0.48}}$。董文楚[87]对砂石过滤器的过滤与反冲洗性能进行了研究，给出了新的过滤阻力系数与雷诺数的关系，导出了计算初始水头损失计算公式，分析了过滤与堵塞规律，提出了最佳反冲洗强度和膨胀率，推导出反冲洗水力学计算公式，即 $v_a = \dfrac{12.26d^{1.31}(e+\varepsilon_0)^{2.31}}{\mu^{0.54}(1-\varepsilon_0)0.54(1+e)^{1.77}}$，并对反冲洗效率进行了试验验证，为正确设计和使用此类过滤系统提供了理论依据。董文楚[88]在以前所做的有关砂石过滤器研究的经验基础上，对微灌用砂石过滤器滤料的选择和相关参数进行了进一步的科学研究，并指出若过滤砂料的粒径选择恰当，其过滤效率等同于网式过滤器，从而提出了适合微灌系统使用的过滤砂料。韩丙芳[89]等揭示砂石过滤器的国内外研究动态，过滤机理、优缺点，适用条件，并为砂石过滤器的研究与推广提供具有重要参考价值的技术资料。肖新棉等[90]在现有砂石过滤器的基础上，研究设计了叠片式砂石过滤器，通过大量的水力性能测试和反冲洗抗堵塞性能试验，提出了叠片式砂石过滤器的水力性能特性曲线方程和计算水头损失经验公式，即 $H = 0.01022Q^2$，试验结果表明叠片式砂石过滤器的水力性能、堵塞过滤性能及结构设计优越于滤头式砂石过滤器。杨树新[91]阐释砂石过滤器在微灌系统中的工作原理及应用，并对比了立式和卧式两种砂石过滤器的设计、制造、过滤及反冲洗中的若干技术问题，得出卧式砂石过滤器的水力性能比立式砂石过滤器好且更加经济，而且根据多年实际经验总结出卧式砂石过滤器的单罐过滤流量可达 $100 \sim 200\text{m}^3/\text{h}$，立式砂石过滤器的过滤流量在 $80\text{m}^3/\text{h}$ 范围内。郑铁刚等、李景海等、杨晓军等、王军等基于灌溉水源、灌溉系统性质及灌水器对于过滤器的要求，分析砂石过滤器过滤性能，从而得出了砂石过滤器的正确选用及其适用条件的方法和理论依据。王新坤[92]在着眼于降低过滤装置造价与运行费用的基础上，根据微灌系统过滤器组合形式与工作特性，以年费用最小为目标，建立了过滤器优化选型与优化配置的数学模型，提出微灌系统过滤装置优化选型与配置的步骤与方法，研究结果能够为微灌系统过滤装置结构优化设计与产品的研发制造提供科学依据。翟国亮等[93]在已有微灌系统中应用的砂石过滤器的基础上研制出一种 AFS-600 双罐全自动反冲洗过滤器，对于其工作模式和控制原理进行系统的介绍，并测定此过滤器在过滤、反冲洗情况下的压力流量关系、反冲洗时间和冲洗周期等主要参数，同时对反冲洗三向阀门的耐久性、启闭时间和压力流量关系进行测试，首次提出了反冲洗压降比率的概念和计算方法，为微灌系统用全自动砂石过滤器的设计、研发制造及应用提供了技术依据。邓忠[94]通过对微灌用过滤器石英砂滤料的过滤与反冲洗试验，含沙量为 0.3% 的水作为水源，在不同的 4 个过滤和反冲洗速度下，过滤出水浊度、出水粒径级配随时间的变化规律进行了分析，试验结果呈现过滤速度与滤后水的浊度成正比，反冲洗流速加大出水浊度接近清水浊度的时间缩短；随着过流时间的延长和流速的增大，出水颗粒中值粒径在逐渐增大，而在反冲洗条件下，随着反冲洗时间的延长和冲洗流速的加大，排水颗粒中值粒径在逐渐减小，这就为正确选用砂石过滤器滤料、改进水力性能及充分发挥经济效益奠定了坚实的技术基础。杨晓军等从目前国内应用微灌砂石过滤器的现状，在实际调查和理论分析的基础上，对砂石过滤器的工作性能及应用条件进行分析，探讨和指出了其应用于实际生产的条件。景有海等[95]通过将粒状材料组成的滤床抽象为由无数条毛细管道组成的管束，将过滤过程描述为水流在毛细管道中流动时的管壁吸附过程，从而推导出了均质滤料过滤过程的滤层堵塞方程式 $\partial\sigma/\partial t = \lambda_1 c - \lambda_2 v[\sigma/(\varepsilon_0 - \sigma)]$ 和均质滤料过滤过程的浊质去除方程式 $v(\partial c/\partial z) + (\varepsilon_0 - \sigma)(\partial c/\partial t) = -\lambda_1 c + \lambda_2 v[\sigma/(\varepsilon_0 - \sigma)]$ 等数学模型，这为微灌系统用砂石过滤器石英砂滤料的分析打下了以数学模型来揭示的基础。

　　国外专家对微灌用过滤器研究工作的开始比较早，微灌系统中最早使用的砂石过滤器是澳大利亚人路易斯研制的砂石过滤器。Bucks 和 Gilbert[96-97]等人根据微灌水源情况对微灌系统堵塞进行分类并分为物理堵塞、化学堵塞及生物堵塞 3 种，而且将造成堵塞的各类物质进行分类，后来进一步地提出了微灌用水源水质分类体系和多项指标评价微灌水质方法，在此研究成果的基础上指出防治微灌系统堵塞和水质处理的理论指南，为微灌用砂石过滤器的结构优化和水力性能分析研究奠定了牢固的技术基础。I. Ravina 等[98]将含有污水的水库作为微灌系统灌溉水源，并以水头损失率、反冲洗频率及反冲洗耗水量等为评价过滤器性能的主要参数对砂石过滤器、网式过滤器及叠片式过滤器进行实地试验和水力性能研究，同时分析造成滴头堵塞的各种因素及其防治方法，得出砂石过滤器过滤处理含有悬浮颗粒、藻类、浮游动物及其他有机物的地表水方面优于网式过滤器和叠片式过滤器，这些研究成果为合理设计微灌系统过滤首部和正确选用合适的过滤器提供了宝贵的技术依据。M. F. Hamoda 等[99]通过在科威特不同的 3 个污水处理厂对砂石过滤器的过滤性能进行试验分析，指出砂石过滤器过滤处理城市废水效率以降低污水中的悬浮固体颗粒（TSS）、挥发性悬浮固体颗粒（VSS）、生化需氧量（BOD）及化学需氧量（COD）为基准考核砂石过滤器的过滤水力性能优劣，从此得出砂石过滤器过滤处理的污水可以满足微灌系统灌溉水质要求的科学结论。J. Puig - Bargues[100]、M. Duran - Ros[101] 等在前人所建立的以量纲分析方法计算各种过滤器水头损失的基础上，综合考虑影响过滤器水头损失的各变量，即过滤精度 ϕ_f、固体颗粒平均粒径 D_p、过滤表面积 A、过滤量 Q、悬浮颗粒含量 C、过流量 V、黏滞系数 μ 及密度 ρ，建立计算各种过滤器水头损失的修正方程式 $f = (\Delta H, \phi_f, D_p, A, Q, C, V, \mu, \rho) = 0$，试验结果表明以布金汉定理推导并改进的量纲分析方法计算的水头损失值与试验数据很好的吻合，相关性很高，此研究成果为正确计算微灌用砂石过滤器水头损失奠定了坚实的数学模型基础。A. Morvannou[102]、ZHAO Lian-fang[103] 等基于室内外试验和 HYDRUS - 1D 软件分析方法，对垂向流污水处理设施（Vertical Flow Constructed Wetland）的过滤介质（砂石料）水力性能、生物薄膜及有机杂质颗粒堵塞砂石料孔隙现象进行分析，并导出确定砂石料过滤性能的数学模型和防止过滤介质堵塞的基本措施，这为进一步掌握微灌工程用砂石过滤器过滤料的性能参数、合理选用砂石料级配和预防砂石料堵塞提供了具有参考价值的技术资料。Pau Marti 等[104] 认为砂石过滤器特别适合应用于过滤处理含有较多有机污物的微灌水源，尤其是当微灌系统应用污水进行灌溉时砂石过滤器在防止滴头堵塞方面相对于其他类型过滤器显现最好的过滤效果；并提出以出水口水中含有的溶解氧含量（DO_o）为基准评估砂石过滤器过滤水质的数学模型，揭示灌溉水含有的 DO_o 与作物品质和产量之间存在的密切关系，采用基于合成神经网络模型 ANN（Artificial Neural Networks）、基因表达程序模型 GEP（Gene Expression Programming）及多重线性回归模型 MLR（Multi Linear Regression）方法研究影响砂石过滤器出水口水中 DO_o 参数的各种因素，研究发现砂石过滤器截留下来的有机污物的增加和水头损失的增加导致降低水中 DO_o 的含量，同时给出了 DO_o 的数学表达式：

$$DO_o = DO_i e^{0.067 - 0.26\Delta H^2} + \frac{\frac{pH^2}{9.28EC}}{-5.64 + DO_i + \frac{\Delta H}{pH}} - \frac{\cos^2 pH}{1.25\sqrt{DO_i}}$$

经统计分析得出，在 3 个模型中 GEP 模型测算 DO_o 含量的准确度最高，其次是 ANN 和 MLR 模型；此研究成果为微灌工程用砂石过滤器过滤性能参数的深度研究奠定了科学依据。M. EIbana 等[105] 在前人的研究基础上，以有效粒径为 0.32mm、0.47mm、0.63mm 及 0.64mm 的砂料作为砂石过滤器的过滤介质，对砂石过滤器过滤出水浊度和溶解氧含量 DO_o 进行 1620h 的试验，并得出选用的砂粒有效粒径为 0.32mm、0.47mm、0.64mm 时，污水浊度减少 60%，当有效粒径为 0.63mm 时，污水浊度减少 85%；过滤砂料有效粒径为 0.32mm 时，恢复水中的溶解氧含量最高为 15.7%。A. Capra 等[106-107]以污水作为微灌系统灌溉水源对砂石过滤器、叠片过滤器及网式过滤器进行过滤性能分析试验，试验结果表明砂石过滤器的过滤性能优越于叠片过滤器和网式过滤器，也有可能优质的叠片过滤器过滤性能近似于砂石过滤器，但网式过滤器不适合应用于过滤处理含有较高悬浮颗粒和有机杂质的污水情况，除非作为灌溉水源的污水事先进行稀释处理和沉淀处理，并指出基于清水试验而确定的各种类型过滤器的理论过流量参数远远不足以作为污水过滤时的过流量参数。M. Durans - Ros 等[108]以悬浮颗粒含量较低的污水作为微灌系统灌溉水源，对各种类型过滤器的过滤性能和滴头堵塞情况进行长达 1000h 的实地试验研究，并得出设置在砂石过滤器和网式过滤器后面的滴头出水量最大，滴头堵塞不太严重，只有砂石过滤器降低出水浊度和滤除悬浮颗粒性能最佳，叠片式过滤器过滤性能不足以前两种过滤器，此研究成果为正确选用各种类型过滤器及其过滤性能分析提供了坚实的基本技术资料。

1.3.3　叠片过滤器

叠片过滤器的面世起源于 20 世纪 40 年代，为满足空中堡垒 B - 17 轰炸机液压油过滤的需要，英国人为波音公司发明了叠片过滤器，并取得了专利。最初的叠片是由不锈钢和铜制成，叠片的两面机械加工出细小的沟槽，一组叠片加起来后形成中空的圆柱体便组成滤芯。20 世纪 60 年代，一个以色列公司得到了这项专利，并且开始生产叠片过滤器以保护灌溉系统。为了降低造价并便于现场维护，他们开始使用塑料叠片。从此，一个战时航空用过滤器便被转变为微灌工程用过滤器，广泛应用于世界各地。国内对叠片过滤器研制工作起步的比较晚，目前微灌系统中常用的叠片过滤器主要是从国外进口。以色列的Amiad、Arkal、Odis、Lego 和 Filtomat 等公司、西班牙的 Azud 等公司和美国的 Orival、Automatic Filters、Schnoeder 及 Process Technologies 等公司都是专业生产手动冲洗和自动清洗叠片过滤器的厂家，而且产品质量和过滤性能都较好。虽然我国对叠片过滤器的研发生产比较滞后，但随着我国节水技术的不断更新和微灌工程规模的日益增长，很多科研单位对叠片过滤器的研发开展了前所未有的工作，投入了大量的精力和财力，取得了丰硕的科研成果。杨万龙等[109]在国外叠片过滤器研究成果的基础上，开发研制了叠片式自动反冲洗过滤器，此过滤器结构设计独特、结构紧凑美观及拆装方便。通过试验发现，此种叠片式过滤器在额定流量下，水头损失小仅为 0.6m，当最低反冲洗工作压力 0.18MPa时，能够达到预期的冲洗效果；当过滤器严重堵塞时，反冲洗时间为 2min，可完全冲洗干净。阿不都沙拉木等[110]将含藻类的地表水作为微灌系统灌溉水，对叠片式和网式过滤器各 3 种目数（80 目、120 目及 155 目）进行过滤性能试验，结果表明，叠片式过滤器的过滤效率是网式过滤器的 2 倍多，表面附着物是网式过滤器的 2 倍多，堵塞时间是网式过滤器的 4 倍多。此研究成果只限于含藻类的地表水，其他水源的研究还需要进一步地探讨。徐茂云[111]基于对贯洗式筛网过滤器、自动反冲洗筛网过滤器及叠片式过滤器进行水力性能测试试验，并指出叠片式过滤器的过滤效率和冲净率高，但局部水头损失大，这就意味着叠片式过滤器结构优化需要更深层次的研究。刘立刚等[112]经对盘式过滤器和纤维过滤器进行性能试验并指出盘式过滤器的过滤性能优越于纤维过滤器，而且运行成本较低，对提高工作效率、改善劳动条件及节约水资源等方面的意义都是十分重大的。林和坤等[113]对叠片式过滤器在工业水处理领域的应用和带有沟槽的塑料盘片进行了深度研究分析，实现了表面过滤与深度过滤的组合，过滤与清洗的自动切换；并提出叠加后的塑料叠片相互叠加，其相邻盘片间形成了许许多多的由外向里不断缩小的交叉点便形成了有梯度过滤效果的过滤芯，因此提高过滤效果，减少反冲洗耗水量。肖新棉等在分析常用于微灌系统中叠片和砂石过滤器的基础上，研发了叠片式砂石过滤器，经进行大量的过滤水力性能测试和反冲洗水力性能试验和对比试验，得出了给定滤管直径的最佳叠片数，即滤管直径为 20mm 时，叠片数为 48 片为宜；并提出叠片式砂石过滤器的水力性能曲线方程和水头损失经验公式；试验结果显示，叠片式砂石过滤器水力性能较好、过滤能力大及水头损失小。此研究成果一方面论证叠片过滤器和其他类型过滤器的组合使用具有广阔发展前景，另一方面，在提高微灌系统灌溉水源过滤精度方面具有深远的使用价值。杨晓军等对叠片式过滤器的过滤水力性能进行试验，并进行回归分析，得出了进水流量与水头损失关系曲线图，根据多年的生产实践经验总结了叠片式过滤器的具体应用条件，依据实际水源情况和微灌系统需水要求，叠片过滤器既可单独使用也可与其他类型过滤器组合使用。刘广容等[114]对国产叠片式过滤器与以色列 ARKAL 公司的叠片式过滤器进行了工艺性能比较试验，在不同进水流量和过滤精度（$20\mu m$、$55\mu m$、$100\mu m$ 及 $200\mu m$）条件下，比较分析了两种过滤器进出水的浊度和悬浮颗粒含量、水头损失、流量及反冲洗等性能参数，试验结果表明这两种过滤器的过滤性能大体相近，并指出两种过滤器过滤机理的不同之处，即进口过滤器的过滤机理是表面过滤，而国产过滤器的过滤机理是表面过滤和深度过滤结合。崔春亮等[115]在以引进、消化及吸收国外先进设备原则的基础上，研制出了过滤精度为 80 目叠片，过流量在 $20\sim70\mathrm{m}^3/\mathrm{h}$ 范围内，对其进行水力性能、抗堵塞性能及承压能力对比试验，结果表明自主研发的叠片过滤器的过流性能、抗压能力和过流精度接近于国外同类目数的叠片过滤器的水平，并给出水力特性曲线方程 $\Delta H = 1.359E-04Q^{1.9084}$，但此研究成果只限于清水条件下的性能对比，浑水情况下的性能对比还待需要深入的研究。周从民[116]探讨了叠片过滤器的结构、工作原理、技术特点及应用效果，通过实际生产过程中的应用数据对比，揭示了叠片式过滤器在过滤处理水刺非织造工艺中循环用水时具有高效、节能、投资少及运行成本低等优点。申祥民等[117]在 2005 年水利部 "948" 项目资金支持下研制 80 目叠片过滤器的基础上，研制出了针对小农户（灌溉面积小于 100 亩）和大农户（灌溉面积小于 500 亩）的三芯叠片过滤器和三联体组合叠片过滤器，对其水力性能、抗堵塞性能及耐压性进行试验，还给出了水力特性曲线方程，分别为 $\Delta H = 4.42284E-05Q^{2.1694}$ 和 $\Delta H = 1.1754E-04Q^{2.0077}$。试验研究结果表明，在相同过流量的情况下，三芯叠片过滤器的水头损失小于三联体组合叠片式过滤器，水力性能和技术水平方面达到了设计标准，在价格方面比进口同类产品低 40% 以上，这项研究成果不仅有效地降低微灌工程设备的经济投入，而且增加农户的经济收入。张娟娟等[118]在前人所做的研究基础上，系统地论述微灌用叠片过滤器表面过滤和深度过滤工作原理与结构特点，对叠片过滤器在研制及应用中存在的问题进行了进一步的描述，全方位地总结分析叠片式过滤器在微灌工程中应用现状和未来的发展趋势。叶成恒[119]以 $75\mu m$ 和 $120\mu m$ 两种叠片过滤器为研究对象，对其过滤性能进行试验分析，并与同类网式过滤器进行了性能比较分析。叶成恒等[120]基于充分研究分析微灌常用离心、叠片及网式过滤器的水力性能，对离心叠片和离心网式这两种组合过滤系统的水力性能和泥沙处理效率展开了试验比较分析，并得出离心叠片过滤器的泥沙处理效率优于离心网式过滤器的泥沙处理效率，但前者的耗能较大。

与此同时，国内诸多专家对叠片过滤器水力性能开展大量的比较分析研究工作外，对其选型也开展了甚多的研究工作。严格地说，合理选择与配备过滤设备，是微灌系统能过长期安全运行、充分发挥经济效益的保证。在全方位分析研究各种型号过滤器水力性能和实际应用状况的条件下，许翠平等[121]、徐群[122]、陈瑾等[123]对微灌工程用叠片过滤器的选型及适用范围进行了科学总结，并得出叠片式过滤器适用于含有藻类等有机物和固体颗粒悬浮物过滤处理，而且过滤效率良好，在微灌过滤系统中当作二级或三级过滤设备来使用为宜。也有学者根据不同区域，不同微灌水源水质等实际情况，对叠片式过滤器的选型和应用进行了探讨；杨晓军等、仝炳伟等[124]对过滤设备选型及过滤模式提出了因地制宜的建议和分析。彭艳生[125]在阐述微灌用各种类型过滤器过滤性能及其在新疆生产建设兵团 90 团等项目地实际应用状况的基础上，并经着重分析叠片过滤器构造特点和研究过滤精度与灌水器堵塞之间的密切相关性，提出叠片过滤器准确选型的建议和方法。针对黄河水含沙量高、应用滴灌容易堵塞等突出问题，张杰武、张力等[126-127]研发了一套微灌系统用水流泥沙过滤处理系统，由离心和叠片过滤器联合组成，在对水砂分离结构优化的基础上，以叠片式过滤器作为深度过滤设备，通过组合优化，提高了过滤效果并可满足大水量需要。随着微灌技术在设施农业中的不断推广，并根据设施农业微灌系统的独特特点，各种类型的叠片式过滤器在设施农业微灌系统中得以广泛应用和发挥显著的经济效益[128]。

国内学者们除了在分析研究叠片过滤器的过滤性能、选型及应用方面取得了丰硕的科研成果外，在叠片式过滤器的研发方面也取得了突破性的研究成果。天津市水利科学研究所的高级工程师杨万龙自主开发了带有自清洗功能的叠片式过滤器，并对其结构、设计参数、性能进行了试验分析，试验结果表明其可代替同类进口叠片式过滤器。安兴才等[129]基于叠片式过滤器具有耐高温、低阻力、耐压强度高、反冲洗性能好及运行成本低等特点，并发现其在压缩空气过滤、高污染液体等场合有很好的应用前景，研制了一种新型叠片过滤器叫作为叠片式微孔膜过滤器。肖新棉等着眼于叠片式过滤器过滤效率优于砂石过滤器的滤头，研制出了一种新型的微灌用叠片式砂石过滤器。陈浩等[130]、王栋等[131]为满足不同水力性能需求，对叠片式过滤器进一步地进行了集成和结构优化，如通过气压方式有效减小反冲洗压力，降低反冲洗能耗的低反冲洗压力叠片过滤器，水动活塞叠片式自动过滤装置，并给出了流量及水头损失计算公式，即 $Q = 20.357H^{0.4996}, H = 0.0024Q^{2.002}$。叠片式过滤器的关键过滤原件，叠片材质的优劣、制造精度的高低、叠片两面凹槽结构及其尺寸是否合理，这些技术因素都对叠片过滤器的过滤性能和冲洗效率有着直接的影响，故很多学者围绕这个问题开发了多种类型的叠片[132-134]。王燕燕[135]基于分析目前在微灌系统和其他领域常应用的叠片过滤器过滤性能方面存在的不足之处，采用混合多相流模型、标准 k-ε 湍流模型和 SMPLEC 算法，应用计算流体力学（CFD）软件 Fluent 对叠片间的流场，即过滤过程中速度矢量分布和固体颗粒分布进行分析，在此研究成果的基础上，开发了一种全新的过滤效率高、反冲洗性能良好及低耗能的全自动反冲洗叠片过滤器，在国内还没有成熟设计理论的背景下，为叠片式过滤器的设计、研发及结构优化提供了具有一定科学依据的可行性参考资料。

叠片式过滤器在农业微灌工程、化工及航天滤液处理系统中得以广泛应用的同时，在其他水处理行业也得到了进一步的技术更新并广泛应用的机遇，张青等[136]采用叠片式过滤器＋超滤（UF）＋反渗透（RO）系统对造纸厂二级处理后废水进行了试验研究，试验结果表明：过滤出水中化学需氧量（COD）为 4.44mg/L，悬浮颗粒含量（SS）小于1mg/L，平均浊度为 0.06NTU，出水水质优良，各项指标均满足回用水水质标准。周从民通过分析叠片式过滤器在水刺工艺水处理上的应用，验证了此种过滤系统在水刺生产线中的水处理时具有高效、节能、投资少及运行成本低等特点。孙钦平等[137]针对目前大中型沼气工程发酵残留物大部分没有利用，被随意排放到环境中，成为农村环境污染重要来源的现状，采用三级过滤相关工艺对沼液进行过滤，并达到 120 目滴灌要求，从而利用滴灌措施实现沼液的资源化循环利用，完善了以沼气为纽带的"养殖业-沼气-种植业"的循环农业发展模式。在反冲洗中，采用了水及气体高压联合反冲洗系统，由 PLC 工作程序控制叠片式过滤器的自动反冲洗过程。以上科研成果对微灌用叠片式过滤器深层次的研究与开发应用起到积极性推动作用。

在国外，叠片式过滤器一面世就开始拓展到许多新的领域，如市政与民用废水处理、工业废水处理、食品加工、海水淡化及其他制造与加工业。叠片过滤器在这些领域的应用过程中在技术更新、结构优化及过滤性能改善方面得到了很大的改进。虽然叠片过滤器在微灌系统中的应用仅有 30 多年的历史，但在农业节水灌溉技术的迅速发展、节水效率的提高、农产品增产及品质改善方面起到了极关重要的作用。与此同时，国外许多学者也从不同领域的实际需求出发，对叠片式过滤器进行了全方位的研究。M. Duran－Ros 等[138]基于前人对各种过滤系统的过滤及反冲洗性能研究成果，进口压力在 30～50m 运行状态下，对进出口尺寸 2" 和过滤精度分别为 130μm 和 120μm 的叠片式过滤器、网式过滤器及筛网和叠片组合过滤器在微灌系统中处理污水时的过滤性能和反冲洗效率进行试验分析，整个试验过程经历 900 多 h。试验结果表明，3 种过滤设备都随着进口压力的增加，出水口过滤水的浊度、悬浮颗粒含量（TSS）及颗粒数量呈现减少趋势，过滤效率几乎都一样；相同过流量情况下，叠片式过滤器相对于网式过滤器水头损失和反冲洗耗水量等技术参数都大。H. Yurdem[139]通过量纲分析方法建立预测微灌系统用叠片过滤器水头损失的数学模型，并利用布金汉 π 理论给出了与叠片过滤器水头损失有密切相关的影响因素，以无量纲组表示的表达式为：

$$\frac{\Delta H_f}{\rho V^2} = \phi\left(\frac{VD_p}{v}; \frac{d_o}{d_i}; \frac{A_i}{A_o}; \frac{A_i}{D_b L_f}; \frac{D_b}{d_o}; \frac{D_p}{L_f}; \frac{L_f}{D_b}\right)$$

采用 4 组不同进出口尺寸的 3 个类型的叠片过滤器，在实验室进行水头损失测试试验，分析结果指明，实验数据和数学模型预测值高度吻合，即相关系数达到 99.5%，而且此数学模型在指定的结构尺寸和过流量条件下预测叠片过滤器水头损失值方面具有较高的参考价值。T. A. P. Ribeiro 等[140]通过对微灌用叠片式过滤器（130μm）和非编织人造织品过滤器进行滤除灌溉水中物理、化学剂及生物杂质试验，并分析此两种过滤器的过滤处理能力。试验分析结果表明，非编织人造织品过滤器的过滤效率优于叠片式过滤器，但其水头损失发展远远大于大叠片过滤器，因而进一步揭示导致此现象的原因除了与灌溉水源水质等因素有关外，主要是与该两种过滤器过滤元件的制造工艺、材质、精度及结构特点有着密切的关系。Wen Yong Wu 等[141]在研究前人曾经所做的以量纲分析方法建立叠片过滤器水头损失计算数学模型的基础上，通过对 10 种不同型号的叠片过滤器进行水力性能测试，并以叠片过滤器的壳体结构参数、过滤液参数及叠片物性参数视为影响水头损失的主要因素，同时着重考虑叠片流道的水力特性，又给出了叠片过滤器进出口流速 $v_p = \dfrac{Q}{3600}\dfrac{1}{3.14\,(0.5D_p \times 10^{-3})^2}$ 和叠片流道平均流速 $v_i = \dfrac{Q}{3600}\left(\dfrac{L_f}{d_s}\dfrac{3.14 D_i I_b}{10^9}\right)^{-1}$，建立了一种崭新的计算叠片过滤器水头损失的量纲分析数学模型：

$$\frac{\Delta H}{\rho v_p^2} = 9.028\left(\frac{v_p}{gD_b}\right)^{0.421}\left(\frac{v_i}{gP_w}\right)^{-0.728}\left(\frac{D_d}{p_b}\right)^{-0.608}\left(\frac{P_w}{D_d}\right)^{0.251}$$

采用此数学模型计算的水头损失值与试验实测数据相关系数为 $R^2 = 0.967$，故此研究成果可以为后续叠片过滤器的结构优化设计提供重要的技术参数。M. Gomez 等[142]经对砂石过滤器、叠片过滤器及网式过滤器进行过滤处理城市污水性能试验，并发现叠片过滤器降低污水浊度和过滤悬浮颗粒性能不如砂石过滤器，但优于网式过滤器的过滤处理能力，耗电费用（54%）高于砂石过滤器（33%）却低于网式过滤器（76%），并指出叠片过滤器在污水处理系统中只可当作预处理设备来使用，不过在微灌系统中完全可以单独使用，或者与其他过滤器联合使用进行过滤，以便满足灌溉要求。Brian Benham[143]、Robert T. Burns[144]等从保证微灌系统正常发挥潜在经济效益、最大限度地降低灌水器堵塞的风险出发，并根据叠片过滤器的结构特点、工作原理及灌溉水水质情况，系统地描绘叠片过滤器的过滤效率性能、优缺点及其具体应用条件等。J. Puig - Bargues 等[145]基于试验分析各种类型过滤器系统含有不同粒度分布和容量分布的 5 种污水的过滤性能，并采用位势定律函数 $\dfrac{dN}{dD_p} = \alpha D_p^{-\beta}$ 和过滤效率 $E = \dfrac{N_o - N}{D_o}$，确定叠片过滤器相对于砂石过滤器和网式过滤器的过滤处理悬浮颗粒及其他类型污物的效率。试验数据显示，过滤粒径大于 $20\,\mu m$ 的颗粒数量方面叠片过滤器相较砂石过滤器和网式过滤器没有明显的差别，但在其他情况下过滤效率不如砂石过滤器，并总结出这与污水中的颗粒容量分布、粒度分布、过滤介质及系统运行压力等因素相关。

1.3.4 网式过滤器

网式过滤器也称滤网过滤器或筛网过滤器，是在盆（锅）式过滤器的基础上演变过来的一种过滤设备，是利用致密细丝织物作为过滤介质，用耐压、耐腐蚀的金属、尼龙或塑料制成，是一种结构简单而有效的过滤设备。在国内外广泛应用于工业、农业、市政、海水淡化等的过滤分离。

网式过滤器的分类，按安装方式有立式和卧式两种，按制造材料有塑料和金属两种，按清洗方式有手动反冲洗和自动反冲洗两种，按封闭与否有封闭式和开敞式两种。20 世纪 60 年代以来，微灌作为一种新的灌溉技术已登上了历史舞台，尤其是以色列、美国、澳大利亚和苏联等国的微灌迅速发展，20 世纪 70 年代中期制造出了贯洗式网式过滤器，并且用这种过滤器进行并联安装，组成大型过滤站，以满足大面积灌溉工程的要求。迄今为止，世界上已有不少国家的微灌设备公司制造出各式各样的网式过滤器，它们的形状各异，其型号、尺寸、过滤能力、正常工作压力和水头损失等各不相同[82]。网式过滤器的过滤能力除了与结构设计、选用材质及加工工艺等因素有密切关系外，主要由过滤器的目数决定，而过滤器目数的确定又取决于灌水器（滴头）的结构形式、技术规格、工作性能及流道直径。根据有关的实测数据，仅七八个悬浮固体颗粒就可在流道出口形成一个弧形堆积带，从而引起灌水器的堵塞。为了防止和避免这种弧形堆积带的形成而影响灌水器的滴水均匀度，必须安全可靠地滤除微灌水源中大于 1/10～1/7 灌水器滴孔的各种类型的有机和无机杂质。

根据灌溉实践经验和试验分析，一般要求所选用的网式过滤器的滤网孔径大小应是所使用的灌水器（滴头）孔径大小的 1/10～1/7。网式过滤器按照灌溉水源水质情况，既可单独使用也可和其他类型过滤器配套使用。网式过滤器主要用于过滤灌溉水中的粉粒、砂及水垢等污物，尽管它也能用来过滤含有少量有机物杂质灌溉水，但当有机污物含量较高时过滤效果很差。董文楚[146]按微灌对水质的要求，并根据国内外专家在微灌工程的实践经验，提出了滤网过滤器设计的有关参数，即过滤能力计算公式 $Q = 3.6 \times 10^3 fAV$，水头损失计算公式 $\Delta h = KQ^x$，过滤网过滤面积计算公式 $A = \pi D_g L$，滤网筒身长度计算公式 $L = 2.78 \times 10^{-4} \dfrac{Q}{\pi D_g fV}$ 及滤网开孔度计算公式 $P = \dfrac{Nd_1^2}{4D_g L}$ 等，为将来微灌系统用网式过滤器的设计、结构优化及水力性能计算奠定了坚实的基础。徐茂云[147]在对现有微灌系统常用 GF3W0.355/0.180，ϕ50 网式过滤器水力性能的首次较系统的试验研究的基础上，推导出了滤网在不同堵塞情况下过滤器局部水头损失系数的经验公式，即 $\zeta = 1.467 + 0.4204e^{0.25871n^2a}$，并对网式过滤器设计问题提出了值得思考的建议。张国祥[148]着眼于国产金属丝网的网孔尺寸等级设置及丝径配合与国外不尽一致，推荐 8 种不锈钢丝网做微灌用网式过滤器元件，根据砂粒堵孔试验资料和我国金属丝编织方孔筛网的技术条件，给出了径孔比方法 $e = D/b$。从限制系统流量变动范围出发，结合滤网堵塞状况，推求出了允许最大压降计算公式 $h_{max} = \left(\dfrac{1-\alpha}{1-\beta}\right)^m h_0$ 和压降预留值计算公式 $h_{预} = [1 - (1-\alpha)^{1.75}]\Delta H_0$。刘焕芳等[149]、梁菊蓉等[150]基于对网式过滤器进行系统的水力性能试验，分析了影响网式过滤器局部水头损失的主要因素，即过流量、过滤时间及灌溉水含沙量，并提出了在含沙水条件下计算局部水头损失的经验关系式 $h_t = h_0 + kv\dfrac{S_0}{\rho}t^b$。刘焕芳等[151]通过对由水力旋流器和网式过滤器组合改造而成的一种新型旋流网式过滤器进行水力性能试验，发现固相颗粒没有黏附在网面上而悬浮在水中，形成相对的清洁区。试验数据显示随着过滤的运行，旋流网式过滤器过滤元件堵塞的频率明显比常规网式过滤器小，水头损失小。阿力甫江等[152-158]立足于基本农户和大户对过滤器的实际需求，自主研发出多种型号的手动反冲洗组合网式过滤器，并对其进行清水和浑水水力性能试验研究。试验结果表明，过滤和冲洗性能达到国外同类产品的技术标准，尤其是在地形条件分散的区域具有广阔的推广应用前景。随着自动控制技术的迅速发展，网式过滤器的自动化操作技术也得以很大的进步，同时屡屡出现了各式各样的全自动反冲洗网式过滤器。马英庆等[159]鉴于目前筛网过滤器自动反冲洗控制仪具有价格昂贵、功能不健全的不足之处，开发出以 HT4623 单片机为核心的具有成本低、集成度高以及手动冲洗、自动冲洗和故障报警功能等优点的控制仪，为微灌用自动冲洗网式过滤器的设计开发和冲洗操作开创了新途径。李亚雄、孟剑、崔春亮等[160-162]在充分分析研究以色列 AMIAD 和美国 FILTOMAT 公司生产的全自动冲洗网式过滤器构造特点及其工作原理的基础上，研发了适合于当地实际水质条件的自动清洗网式过滤器。刘飞等[163-164]在介绍水力旋喷自动吸附网式过滤器的工作原理及结构特点基础上，对其结构进行了优化处理，即增加过滤器内部过滤级数、改变自清洗动力装置的单一性，这对提高过滤器过滤效率和研制开发新型自清洗过滤器提供多样性选择。宗全利等[165-167]通过比较国内外自清洗过滤器技术参数和分析当前国内产品应用中存在的问题，设计提出一种微灌用网式新型自清洗过滤器，并研究滤网直径、滤网长度与设计流量之间的定量关系，针对 80 目和 120 目两种过滤精度的自清洗网式过滤器进行清水和浑水试验，推出了与水头损失密切相关参数之间的关系表达式 $\Delta h = 0.0654Q^{0.6239}$ 和 $\Delta h = \Delta h_0 + av\dfrac{S}{\rho}t^b$，又给出了两种目数过滤器最佳排污压差值分别为 0.06MPa 和 0.07MPa。同时，与传统网式过滤器进行了比较，结果表明，此种新型过滤器水头损失小，而且随流量变化较缓慢。刘焕芳等[168-170]、刘飞等[171-173]经进行清水和浑水试验，分析了自吸网式过滤器过滤时间的变化规律和自清洗时间影响因素，与此同时，在预设细滤网内外压差的条件下对微灌用自吸式自动过滤器的过滤和反冲洗性能进行了浑水试验研究，基于前人所做的成果并结合试验数据分析，得出细滤网内外压差之和计算式：

$$\Delta P = (1 + \beta^3)\frac{64\mu Q K_1 L\,(a+d)^2\left[4\,(a+d)^2 - \pi a^2\right]^2}{\pi^4 a^6 d^2 DH\alpha}$$

排污公式为：

$$T = \frac{0.99Q_j S_j P_m t}{Q_p S_p}$$

将 80 目和 120 目自吸式自动过滤器的试验数据分析结果，结合过滤时间、过流流量、含沙量、水头损失等因素，指出预设压差值设为 0.08MPa 时的过滤效果较好，排污时间为 20~30s 时反冲洗效率能够达到预期目标，但过滤时间的变化并非呈线性规律，清洗时间也不是恒定不变的，而是在其他参数固定时与进水含沙量呈反比关系。郑铁刚等[174]在充分研究自清洗网式过滤器过滤机理的基础上，对过滤器排污系统的水力性能参数进行分析，利用能量方程及动量矩方程推导出排污系统吸沙组件的吸附力和旋喷管转速计算公式 $F = \dfrac{Q_p^2 \rho}{32A_x}$，$\omega = \dfrac{Q_p}{2A_p r_2}$，结合试验基本参数，得出实际微灌应用自清洗网式过滤器排污装置产生的吸附力远大于泥沙黏结力而使过滤器过滤及排污达到最优效果的结论，这对后续工作具有一定的理论指导意义。郭沂林等[175]、于旭永等[176]根据多年的实践经验和理论分析，介绍一种新型的水力旋喷自动吸附网式过滤器，并提出运行中存在问题及解决措施。随着计算机技术的迅速发展，计算流体动力学（CFD）在微灌过滤器结构优化、流场分析及性能改进方面得以广泛应用。邓斌等[177]、陈凯华等[178]建立应用在管壳式换热器和挡风抑尘墙方面的多孔介质模型和数值模拟分析方法，由此而得出的成果，对微灌用滤网过滤器的多孔介质模型分析和数值模拟计算具有借鉴价值。潘子衡等[179]、王栋蕾等[180]基于前人运用 CFD 的研究分析方法，对自清洗过滤器的吸污器进行流体力学分析，研究其流量分布、内部流场压力、速度分布等流体力学特性，提出了独特的结构改进措施，以达到各吸嘴均匀吸污的目的。阿力甫江等在研究以色列 Amiad 公司生产的自动冲洗鱼雷网式过滤器的基础上，开发出一种使用方便、价格低廉、直流电自动冲洗，相对于其他类型自动网式过滤器过流量大、冲洗效果好及耗电量低的新型自动反冲洗鱼雷网式过滤器[181-184]，并对其在不同体形工况下进行了三维流场数值模拟，采用 RNGk-ε 模型模拟过滤器湍流，结果表明数值模拟与试验数据吻合度较高、过滤性能和冲洗效果与进口产品相近，此研究成果为微灌用新型自清洗网式过滤器结构优化及性能改善提供了技术依据。柳志忠等[185]采用过滤器流道压降数学仿真计算和滤网压降数值计算相结合的方法，对网式过滤器的压降进行计算并与压降试验数据对比，结果显示理论计算与实际试验测试数据基本吻合。骆秀萍等[186-187]对微灌用自清洗网式过滤器分别进行清水、浑水水头损失试验及最佳排污时间和排污流量试验，并对内部流场和排污系统进行了深入的数值模拟分析研究，由此而得出在不同流量条件下清水水头损失公式 $h_w = 0.1706Q^{0.4075}$ 和 $h_w = 0.0005Q^{1.7248}$，

浑水水头损失经验公式：

$$\Delta h = \sum h_j + mv\frac{S_j}{\rho}t^n$$

排污流量基本公式：

$$Q_p = \varphi A_3 \sqrt{2g\left(z_1 + \frac{p_1}{\gamma} - z_3\right)}$$

与此同时，根据排污时间试验建议最佳排污时间 20～30s 为宜，并通过对流场速度、压力分布及湍动能分布分析，发现排污系统及内部结构尚存在不合理之处，需对其进行改进。王爱伟[188]立足于吸污式自清洗过滤器的开发、过滤机理的研究以及流场的优化分析，对此种过滤系统进行了结构优化设计；利用有限元软件 ANSYS 对吸污式自清洗过滤器的结构部件和吸污器进行分析校核，验证结构合理性，进而运用 CFD 分析软件对其流场展开分析；以达西定律为基础，分别研究并推求出滤网和滤饼的压降计算式 $\Delta p = [u\mu L(1-\varepsilon)^2 K_1 S_0^2]/\varepsilon^3$ 及 $\Delta p = [u\mu L(1-\varepsilon)^2 K_1 S_0]/\varepsilon^3$；以沉降原理研究了过滤器反冲洗时所能携带的最大固体颗粒尺寸，并采用计算流体力学（CFD）分析软件 CFX 进行了对比分析。

国外对人工冲洗和自动清洗过滤器的研究始于 20 世纪中后期，而且在工业、农业及其他领域的应用也比较早。20 世纪 80 年代以色列人 Vehashkaya Amiad Sinun[189]开发出了一种自动反冲洗过滤器而获取了专利。此后许多学者对自动清洗网式过滤器的研究、开发及结构优化设计开展了一些列的系统性工作，并获得了丰硕的科研成果。目前以色列 Amiad、Odis、Arkal 公司，美国 Orival、Automatic Filters Inc.、Schroeder、RPA Process TechnologiesJan 公司，德国 SAB 公司，西班牙 Azud 公司和意大利的 SATI 等公司都是专业开发研制自动清洗网式过滤器的科研机构及制造商。H. Yurdem 等[190]从网式过滤器结构设计缺陷对水头损失的影响出发，对 2.5in 和 3in 网式过滤器进行水力性能分析试验，试验表明适当增加进出口尺寸，能够将水头损失分别降低为 60%、40%，若适当增加 3in 网式过滤器的壳体尺寸可降低水头损失 81% 左右。Jan Hermene[191]开发出了一种成本低廉、应用安全可靠、过滤及冲洗效果好的自动清洗过滤系统，并系统分析结构机制原理、过滤及冲洗机理，同时对其水力性能进行试验测试，试验结果表明水头损失小，在低压情况下自清洗效率较好。Dorota Z. Haman 等[192]在着重分析水源类型及水质情况的基础上，研究自动清洗网式过滤器在微灌工程中的应用，并提出网式过滤器特别适合用于过

滤细沙或无机杂质，一般对藻类和有机杂质含量高的灌溉水源来说其过滤效率相对于其他过滤系统不太理想，进一步指明自动网式过滤器的选型及其单独使用或配套使用主要取决于水源类型和污染程度等因素。Avner 等[193]基于前人对过滤器堵塞机理研究，对网式过滤器的过滤及堵塞机理进行深层次的试验分析，试验数据表明网式过滤器堵塞速率和水头损失随悬浮颗粒含量、过滤速度及滤网目数的增大而增大，并指出以鲍彻定律（Boucher's Law, $H = H_0 e^{IV}$）分析网式过滤器的堵塞机理有所欠缺之处，因没有考虑滤饼特殊阻力对堵塞机理的影响，又以充分分析堵塞机理为目的给出了滤饼可压和不可压两种条件下压力梯度表达式，即：

$$\frac{\mathrm{d}P}{\mathrm{d}L} = k_1 \mu u \frac{(1-\varepsilon)^2}{\varepsilon^3} \frac{(S_p)^2}{(V_p)^2}$$

$$P = \frac{k_1 \mu u}{\rho_{pA}} \frac{(S_p)^2}{(V_p)^2} \frac{(1-\varepsilon)}{\varepsilon^3} m_c$$

这些科研成果为今后微灌系统用网式过滤器过滤机理和堵塞机理的分析研究奠定了坚实的基础。J. Puig - Bargues 等采用量纲分析方法建立微灌用砂石、叠片及网式过滤器水头损失计算的通用数学模型，即：

$$\frac{\mu}{\Delta H^{1/4} Q^{1/2} C^{3/4}} = k \left(\frac{\Delta H^{3/4} V}{C^{3/4} Q^{3/2}}\right)^a \left(\frac{\Delta H^{1/2} A}{C^{1/2} Q}\right)^b \left(\frac{\Delta H^{1/4} \phi_f}{C^{1/4} Q^{1/2}}\right)^c \left(\frac{\Delta H^{1/4} D_p}{C^{1/4} Q^{1/2}}\right)^d \left(\frac{\rho}{C}\right)^e$$

同时采用 5 种不同污水作为水源对 $98\mu m$、$115\mu m$、$130\mu m$ 及 $178\mu m$ 过滤精度的网式过滤器进行水头损失测试试验，分析结果表明试验数据与以数学模型计算得到的水头损失吻合度较好。M. Duran - Ros 等基于 J. Puig - Bargues 等和 H. Yurdem 等采用量纲分析方法建立的计算水头损失数学模型，对砂石、叠片及网式过滤器进行 1000h 的水力性能试验，推导出了更新的水头损失数学模型，即：

$$\frac{v_f C^{\frac{1}{2}}}{\Delta H^{\frac{1}{2}}} = c \left(\frac{\rho}{C}\right)^{e_{10}} \left(\frac{\mu}{\Delta H^{1/2} C^{1/2} D_p}\right)^{e_{11}}$$

网式过滤器水头损失试验数据与以数学模型计算得到的水头损失值高度吻合，相关系数 $R^2 = 0.984$，可看出此数学模型的精确度高于前两位学者的精确度。Wenyong Wu 等[194]以布金汉定理为研究基础，对不同规格的 15 种网式过滤器进行水力性能试验，并结合试验数据和量纲分析方法，建立网式过滤器水头损失改进的计算数学模型：

$$\Delta H = 12.08 a^{-009} M^{-0.468} \left(\frac{v_i \rho D_p}{\mu}\right)^{-1.059} \left(\frac{v_m^2}{g d_m}\right) \left(\frac{D_p}{d_m}\right)^{0.144} \left(\frac{v_i}{v_m}\right)^{-1.969}$$

此数学模型的一个亮点是不仅考虑网式过滤器结构尺寸对水头损失的影响，而且着重分析和引入了滤网过滤介质的影响因素。试验分析表明采用数学模型计算出的水头损失值与试验数据很好的吻合，相关系数 $R = 0.97$，此研究成果在网式过滤器的结构设计优化及水力性能分析方面具有重要的参考价值。Marcelo J. 等[195]在分析污水进入浅淡水水库后对水质影响的基础上，研究将此种水源作为微灌系统灌溉水时对过滤器的堵塞能力，并选用过滤精度为 $80\mu m$ 的网式过滤器进行堵塞试验，以压差增长率来评估灌溉水的堵塞能力，同时将试验数据分为 4 种不同的矩阵数据模型，采用多重回归分析方法分析灌溉水中浮游生物体及悬浮杂质对网式过滤器堵塞能力的影响，分析结果表明随着灌溉水中大尺寸的藻类和浮游生物体增加，网式过滤器压差快速增长，灌溉水的堵塞能力提高，虽然悬浮固体杂质对堵塞能力也有一定的影响却相对于浮游生物体没有那么突出，根据多年的水库养鱼经验和试验分析，提出通过水库放入大量的鱼类以便降低灌溉水对过滤系统的堵塞能力的建议。I. Ravina 和 M. Gomez 等在分析含有市政污水的水库用作微灌水源时常出现堵塞现象的基础上，对 40～120 目过滤精度的网式过滤器水力性能进行试验，试验结果表明网式过滤器的过滤效率不如砂石和叠片过滤器，并建议把网式过滤器作为二级过滤系统使用。A. Capra 等从分析利用废水进行灌溉而出现滴头和过滤器堵塞问题出发，对不同种类的过滤器进行过滤性能试验，试验数据分析表明当废水中悬浮颗粒和 BOD_5 含量分别超过 78m/L、25mg/L 时，网式过滤器的过滤效率远远低于砂石和叠片过滤器，过滤时间不到 1h，因而冲洗频繁以及系统运行费用增加，并给出了冲洗频率经验公式，即 $F_c = 0.058 (QTSS)^{1.004}$。M. Duran - Ros 等在利用污水进行微灌条件下，对网式和叠片过滤器的过滤、反冲洗效率以及滴头堵塞程度进行试验研究，研究结果表明在进水压力 300～500kPa 时，这两种过滤器滤除悬浮颗粒和降低浊度性能几乎接近，但进口压力在 500kPa 时，网式过滤器总冲洗次数明显小于叠片过滤器，而且置于网式过滤器之后的滴头出水量大于置于叠片过滤器的滴头出水量，即前者堵塞程度小于后者，从试验研究看出自动冲洗网式过滤器适合用于污染程度不太严重的污水作为灌溉水源的微灌系统。Jing Wang[196]基于前人对网式过滤器过滤机理的研究，采用 3D 数值模型分析碳纳米管穿过网式过滤器的机理，并以试验数据验证数值模拟分析结果的可行性，此研究成果在微灌用网式过滤器以 3D 数值模拟来分析过滤机理方面具有一定的借鉴参考价值。

1.3.5　组合型过滤器

随着人类经济社会的迅速发展，水源污染情况越来越严重，同时农业灌溉用水源所含有的污物种类也各式各样，尤其是工业和城乡排水给地表水浮游生物群落的发展提供了足够的滋养条件。从此对微灌用过滤器的使用要求也越来越严格。单一的过滤器由于其本身结构和过滤性能特点，其应用条件限制在特定的水源范围，使得灌水器部分或全堵塞，影响微灌系统正常工作并缩短使用寿命，甚至造成整个微灌系统的瘫痪报废，用户遭到巨大的经济损失。为了使微灌系统更好地发挥经济效益、改善农作物产品品质及提高产量，基于水源客观水质条件和微灌用滴头结构特点及其对灌溉水的过滤要求，并充分利用各种过滤器相互可配套使用的优点，形成了组合式过滤器，也就是理论上所称谓的组合型过滤器。从各种单一过滤器的过滤特点和优点可看出，组合型过滤器同时具备两种或多种过滤器的过滤优点，过滤质量高、适用范围广、流量调节能力强及避免堵塞性能好。因此，在微灌工程中得以广泛应用。根据水源类型和水质具体条件[197-198]，过滤器的组合形式有离心＋网式、离心＋叠片式、砂石＋网式、砂石＋叠片及离心＋砂石＋网式（叠片式）。

随着组合式过滤器在微灌系统中的广泛应用，国内外学者对其开发研制、组合形式、结构设计优化及过滤性能方面开展了大量的研究分析工作。刘焕芳等考虑到有时微灌用水源含沙量高和固体颗粒粒径分布不均匀等现象大大降低网式过滤器过滤和冲洗效果，以改变常规网式过滤器内部水流流态降低固体颗粒堵塞过滤器元件网面的频率和程度为出发点，研制了一种由水力旋流器和网式过滤器组合而成的新型旋流网式过滤器，并达到了能够自然冲刷网面、降低堵塞频率及可集中排污的目的。孙新忠、李正平、李振成等在山西省运城市水利科学研究所研制的离心筛网一体式微灌过滤器的基础上，对其除砂水力性能进行试验研究，试验结果表明除砂性能达到了国内同类产品的水平，造价成本和运行费用明显降低。针对机井实际抽水量、水质情况及基本农户耕地分布状况，结构简单、过流量大、除砂性能好、运行管理方便的一系列新型离心＋网式过滤器系统面世了[199-202]。张力等针对黄河流域水源泥沙含量高的特点和微灌系统对水质的要求设计了由旋流式离心过滤器、叠片式过滤器、自动反冲洗控制系统及集砂罐组成的高泥沙水系滴灌系统组合式过滤器，试验结果和实际应用情况表明该组合型过滤器水沙分离精度高并有效减小水中杂质对滴头造成的堵塞。叶成恒以新疆引河灌区滴灌系统为研究对象，通过田间模拟试验，对离心＋网式和离心＋叠片两类 5 种组合过滤系统进行了水力性能及泥沙处理能力分析研究，研究结果指出在相同条件下离心＋网式过滤器的水头损失比离心＋叠片小，运行时间长，但泥沙处理能力不如离心＋叠片过滤器。刘旋峰[203]基于对微灌工程中常用的各种类型过滤器的研究和着眼目前水源污染严重、泥沙多等客观条件，成功研制出了一种新型双罐式砂石＋网式全自动自洁式过滤器。砂石过滤器起到一级过滤作用，用来过滤水中的固体杂质；网式过滤器在砂石过滤器的基础上进一步精细过滤而起到二级过滤作用。生产实践经验证明过滤器的这种组合形式使微灌系统能够得到满足要求的灌溉水。肖新棉针对滴灌工程滴头堵塞的问题，在分析现有砂石过滤器基础上，开发了叠片式砂石过滤器，并对其进行水力性能试验，试验结果表明设计流量在 $10m^3/h$ 左右时，叠片式砂石过滤器的清洁压降比滤头式砂石过滤器小 37%，过滤与反冲洗效果好，防堵塞能力强。M. Duran - Ros 等基于当污水作为灌溉水源时过滤器过滤效率对灌水器堵塞的研究，在系统正常工作压力 500kPa 的条件下，对网式＋叠片组合过滤器、网式及叠片过滤器悬浮颗粒滤除效率进行了试验研究，试验数据显示网式＋叠片过滤器的过滤效率为 27.9%，网式和叠片过滤器的分别为 22.5% 及 17.4%，可看出组合过滤器的过滤效果优于单一过滤器。Wu Wenyong 等[204]针对微灌系统将再生水作为灌溉水源来使用的情况下，以砂石过滤器、砂石和叠片组合过滤器过滤效率对灌水器滴水性能的影响为研究目标，对这两种过滤器的过滤效率和灌水器流量分别进行试验研究，试验表明砂石＋叠片组合过滤器的过滤效率远远大于砂石过滤器，即过滤效率范围分别为 30.7%～80.3% 及 11.4%～48.0%，并得出结论为相对于砂石过滤器，砂石＋叠片组合过滤器在很大程度上减小灌水器堵塞及预防灌水器流量的减少。如上所述，组合式过滤器在净化处理灌溉水源及防治滴头堵塞方面相比其他单一过滤器呈现独特的一面，故已成为微灌系统常用的过滤设备之一。但是结构复杂、造价成本及运行费用高，需要对其结构构造及组合方式进行深入细致的优化设计和研究。

1.4　鱼雷网式过滤器简介

在逐步推广的工业水处理和节水灌溉，如自来水厂水处理和微灌，对生活用水和灌溉用水的水质要求比较高，必须事先通过过滤器过滤掉水中的杂质和泥沙，以防滴灌带堵塞和达到生活用水标准。传统使用的过滤器为手动清洗网式过滤器和自动清洗网式过滤器，有单体使用的和并联使用的。单体手动清洗网式过滤器如滤网堵塞、水流不畅时，停止供水，进行人工清洗，影响正常运转。并联使用的手动网式过滤器在工作过程中需要清洗时，可先停掉一只网式过滤器进行清洗，其他网式过滤器进行工作，依次轮流手动清洗，会减少过流量，降低工作效率，费工费时，尤其是影响正常灌溉而导致作物产量降低和品质退化。

自动清洗网式过滤器虽然可实现自动清洗滤网，但由于都由几个单体网式过滤器并联组合而成，组成部分多，体积大，过水媒体多变，水头损失大，相应的动力设备功率大，运行费用高，耗材，不经济，而且反冲洗需要过滤过的干净水，加大冲洗需水量及其加工附加能量。结果，导致应用不理想，节水灌溉技术的优越性没有很好的体现，推广普及缓慢等一系列问题。针对以上阐述的客观事实，基于多年从事微灌用各种类型过滤器研究和实践经验，研制开发了一种新型全自动鱼雷网式过滤装置，此装置主要由过滤器筒体、过滤网、鱼雷网芯、自动控制器及排污装置等部分组成，其核心部件是鱼雷和滤网，鱼雷网芯结构为带有 4 片分水岭体的流线型迎水头，紧跟后面设有 4 个直径为 10mm 的清水流出孔口，末端表面设有 8 个直径为 20mm 的污物流入孔口，鱼雷部件由优质 PE 材料制造，滤网是 316L 不锈钢制成，滤网目数有 80 目、100 目及 120 目，如图 1.1 所示。其结构参数：罐体长度 1031mm，直径 254mm；滤网长度 961mm，直径 200mm；进、出口直径 200mm；鱼雷长度 1031mm，直径 154mm；排污口直径 50mm。

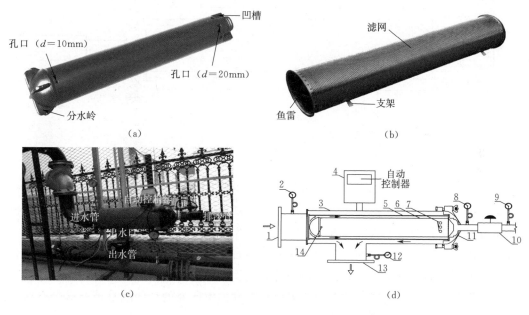

图 1.1　鱼雷网式过滤器结构图

(a) 鱼雷图；(b) 鱼雷滤网；(c) 整体形状；(d) 整体构造

1—进水口；2—进水口压力表；3—过滤器壳体（筒体）；4—自动冲洗控制器；5—滤网；6—鱼雷；
7—污物进入孔；8—自动排污阀进水口压力表；9—自动排污阀出水口压力表；10—自动排污阀；
11—盖座；12—出水口压力表；13—出水口；14—清水流出孔

1.5　鱼雷网式过滤器工作原理

图 1.2 是全自动鱼雷网式过滤器的工作原理。装入在圆柱形滤网里面的鱼雷部件系静

态水力装置，占有滤网内大多空间，从而提高水流沿滤网轴向的流速。当灌溉水进入有鱼雷的网式过滤器时，大于网孔孔径尺寸的污物开始滞留在滤网内侧，而鱼雷部件防止大多数污物滞留在进水口处的滤网内侧表面，将污物集中在末端的杂物区域，部分污物经鱼雷末端的孔口流入鱼雷内腔，而过滤洁净的水经过滤网流到出水口；随着污物的累积，滤网内外侧间产生一定的压差，即水头损失逐渐增大，当水头损失达到预设压差值时，压差传感器将信息传到冲洗控制器，控制器自动开启排污阀通向大气进行排污，此时，滤网外侧的部分过滤水靠压差反流进入滤网内侧，同时迫使吸附在滤网内表面及网孔的污物脱落，并依靠过滤器内外很大的压差产生的冲刷力将污物经排污阀排出，排污的同时过滤依然进行，不间断地向微灌系统供水，当达到预设的排污时间时，排污阀自动关闭，冲洗结束，过滤器再次进入正常过滤状态。

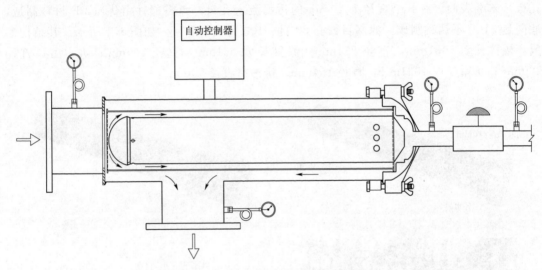

图 1.2　鱼雷网式过滤器的工作原理

　　鱼雷网式过滤器是在传统的网式过滤器的基础上改进的一种新型网式过滤器。通过实际应用效果来看，此过滤系统具有结构简单、操作简便、节能减排、除砂过滤能力强及造价低廉等优点。至今，国内外诸多专家学者对砂石、离心水砂分离器、自清洗网式及叠片过滤器进行了较为系统深入的研究，但是针对鱼雷网式过滤器的研究甚少，国内外刊物上几乎也找不到有关鱼雷网式过滤器的相关研究文献。本研究的目的就是填补这个空白，因此选择鱼雷网式过滤器为研究对象。

1.6　数值模拟

1.6.1　数值模拟概述

　　计算流体动力学（Computational Fluid Dynamics，CFD）的出现大大丰富了流体力学的研究方法。该方法是通过计算机数值计算和图像显示，对与流体相关的流动、热交换、分子输运等现象的问题在时间和空间上定量描述流场的数值解，从而达到对物理问题研究的目的。经过 40 年来的发展，计算流体动力学已成为一种有力的数值试验与设计手段。而近十多年来，计算流体动力学技术的迅速发展更是促进了微灌用各种类型过滤系统的研究发展。由于其仿真能力强，相当于"虚拟"地在计算机上做试验，用以模拟仿真实际的流体流动情况，而且其强大的数值计算能力可以解决用解析法无法求解的方程，因此它的使用大大减少了试验次数，缩短了研发周期。

利用 CFD 技术对固液两相分离在微灌用过滤系统的数值模拟主要体现在对清水流场的模拟和对浑水水沙分离现象的模拟。由于微灌用过滤器内部流体流动为三维强旋转和高强度湍流，因此清水流场的湍流数值模拟模型和两相分离数值模拟模型是计算机数值模拟的关键所在。随着计算技术和计算方法的发展，许多复杂的工程问题都可以采用区域离散化的数值计算并借助计算机得到满足工程要求的数值解。数值模拟技术是现代工程学形成和发展的重要动力之一。

区域离散化就是用一组有限个离散的点来代替原来连续的空间。常用的离散化方法有有限差分法、有限元法、有限体积法。自 1980 年，Patanker 在其专著《Numerical Heat Transfer and Fluid Flow》中对有限体积法作了全面的阐述之后，该方法得到了广泛的应用，是目前 CFD 应用最广泛的一种方法。当然，对这种方法的研究和扩展也在不断进行，如 P. Chow 提出了适用于任意多边形非结构网格的扩展有限体积法。

有限体积法（FVM）又称控制体积法，是将计算区域划分为网格，并使每个网格点周围有一个不重复的控制体积，将待解的微分方程对每个控制体积积分，从而得到一组离散方程。其中的未知数是网格节点上的因变量。子域法加离散，就是有限体积法的基本思路。求解过程的基本思路是：建立控制方程→确定边界条件与初始条件→划分计算网格→建立离散方程→离散初始条件和边界条件→给定求解控制参数→求解离散方程→判断解的收敛性→显示和输出计算结果。

有限体积法对一般形式的控制微分方程在控制体积内积分，就得求解积分形式的守恒方程。众所周知，流体的运动一般要遵循 3 个最基本的守恒定律，即质量守恒定律、动量守恒定律及能量守恒定律，在流体力学中具体体现为连续性方程、动量方程和能量方程。

连续性方程又称质量守恒方程，它的守恒的微分形式表达为

$$\frac{\partial \rho}{\partial t} + \frac{\partial}{\partial x_i}(\rho u_i) = S_m \tag{1.1}$$

动量方程的动量守恒微分形式表达为

$$\frac{\partial}{\partial t}(\rho u_i) + \frac{\partial}{\partial x_i}(\rho u_i u_j) = -\frac{\partial p}{\partial x_i} + \frac{\partial \tau_{ij}}{\partial x_j} + \rho g_i + F_i \tag{1.2}$$

能量方程的微分形式表达为

$$\frac{\partial}{\partial t}(\rho E) + \frac{\partial}{\partial x_i}[u_i(\rho E + p)] = \frac{\partial}{\partial x_i}\left(k_{eff}\frac{\partial T}{\partial x_i}\right) - \sum_j h_j J_j + u_j(\tau_{ij})_{eff} + S_h \tag{1.3}$$

以上 3 个方程的统一表达式可写为如下微分形式：

$$\frac{\partial}{\partial t}(\rho\varphi) + \mathrm{div}(\rho\bar{u}\varphi) = \mathrm{div}(\Gamma\mathrm{grad}\varphi) + S \tag{1.4}$$

对 3 个方程的统一表达式在控制体积内积分而得出的积分表达式：

$$\int_V \frac{\partial}{\partial t}(\rho\varphi)\mathrm{d}V + \int_V \mathrm{div}(\rho\bar{u}\varphi)\mathrm{d}V = \int_V \mathrm{div}(\Gamma\mathrm{grad}\varphi)\mathrm{d}V + \int_V S\mathrm{d}V \tag{1.5}$$

上面这个方程利用高斯散度公式可以转化为

$$\int_V \frac{\partial}{\partial t}(\rho\varphi)\mathrm{d}V + \int_A \bar{n}(\rho\bar{u}\varphi)\mathrm{d}A = \int_A \bar{n}(\Gamma\mathrm{grad}\varphi)\mathrm{d}A + \int_V S\mathrm{d}V \tag{1.6}$$

数值模拟利用 CFD 软件对实际问题进行分析研究，CFD 软件通常包括 3 个模块：前处理（Preprocessing）模块、求解（Solvering）模块以及后处理（Postprocessing）模块。在前处理模块过程中通常要建立描述问题的几何模型，输入各种必需的参数，最后由软件自动生成网格。所完成的任务概括为两项：几何建模及自动生成网格。CFD 的核心求解模块将根据前处理过程所生成的模型的网格、所选的数值算法、边界（初始）条件等进行迭代求解，并输出计算结果。后处理模块程序通常是对结果（如速度场、压力场等）进行可视化处理以及动画处理。

自 1981 年以来，出现了如 PHOENICS、CFX、STAR - CD、FIDIP、FLUENT 等多个商用 CFD 软件，这些软件的功能比较全面、适用性强；具有比较易用的前、后处理系统和与其他 CAD 及 CFD 软件的接口能力；具有比较完备的容错机制和操作界面，稳定性高；可在多种计算机、多种操作系统，包括并行环境下运行。

本书使用 FLUENT 软件对鱼雷网式过滤器进行数值模拟。它是继 PHOENICS 软件之后的第二个投放市场的基于有限体积法的软件。FLUENT 提供了非常灵活的网格特性，让用户可以使用非结构网格来解决具有复杂外形的流动，甚至可以用混合型非结构网格。FLUENT 可以让用户定义多种边界条件，用于二维平面、二维轴对称和三维流动分析，可完成多种参考系下流场模拟、定常与非定常流动分析、不可压流和可压流计算、层流和湍流模拟、传热和热混合分析、化学组分混合和反应分析、多相流分析、多孔介质分析等。除此以外，FLUENT 是使用 C 语言编写的，可实现动态内存分配及高效数据结构，具有很大的灵活性与很强的处理能力，可让用户定义多种边界条件。FLUENT 是目前功能最全面、适用性最广、国内使用最广泛的 CFD 软件之一。

1.6.2　数值模拟模型及进展

在 FLUENT 中有很多种物理模型，如动网格模型、传热和辐射模型、气动噪声模型、高精度的自由表面模型、离散相模型、欧拉多相流模型、混合分数多相流模型和空泡模型、湍流模型及多孔介质模型[205]。

1.6.2.1　湍流模型

湍流流动是一种高度非线性的复杂流动。总体而言，目前的湍流数值模拟方法可以分为直接数值模拟方法和非直接数值模拟方法。直接数值模拟（Direct Numerical Simulation，DNS）方法是指在湍流尺度的网格内直接求解瞬态三维 Navier - Stokes 方程，DNS 的最大好处是无需对湍流流动作任何简化或近似，理论上可以得到相对准确的计算结果[206]。这种方法仍处于发展初期，目前的应用范围有相当大的局限性，对计算机内存空间及计算速度的要求非常高，目前还无法用于真正意义上的工程计算，仅用于某些特定的简单流动[207]。非直接数值模拟方法是不直接计算湍流的脉动特性，而是设法对湍流作某种程度的近似和简化处理。对于工程中的多数湍流流动，人们仍注重于用非直接模拟方法来进行近似模拟。

由于数值计算结果的好坏在很大程度上取决于湍流模型的性能，所以选择合适的湍流模型进行模拟是十分重要的。目前已经出现了多种用于模拟漩涡流动的湍流模型。主要可分为大涡模拟方法（LES）和基于雷诺平均法（RANS）的涡黏模型和雷诺（Reynolds）应力模型。涡黏模型又可分为零方程模型、单方程模型、两方程模型。雷诺应力模型则又可分为雷诺应力方程模型（RSM）和代数应力方程模型（ASM）。Fluent 软件提供的标准 k-ε 模型、RNGk-ε 模型、Realizable$k$-ε 模型，这些模型是针对充分发展的湍流才有效的，也就是说，这些模型均是高雷诺数的湍流模型。雷诺应力方程现正处于广泛发展之中，并被用于复杂流动状况，如三维、强旋转流、湍流等。与此同时，国内外许多学者基于各种湍流模型的研究，对微灌用过滤系统展开了大量的研究工作。王永虎等、邱元锋等、黄思等、Jayen P. Veerapen 等、M. D. Slack 等、M. Narasimha 等[208-210]利用 RNG、RSM、LES 技术、混合模型及雷诺应力湍流模型对水力旋流器内部流场进行了数值模拟并分析了水沙分离效率、颗粒分布、压力及速度分布情况。

1.6.2.2　多相流模型和多孔介质模型

每种物质在不同的温度下可以有 3 种物理状态，即固相、液态和气态。多相流就是在流体流动中不是单相物质，而是有两种或两种以上不同相的物质同时存在的一种流体运动。在数值模拟计算 Fluent 中，共有 3 种欧拉－欧拉多相流模型，即 VOF（Volume Of Fluid）模型、混合（Mixture）模型和欧拉（Eulerian）模型，在微灌系统中常用混合模型和 Eulerian 模型来对各种过滤分离器进行数值模拟。

多孔介质模型的数值模拟方法在 20 世纪 70 年代被用于模拟换热器和核反应堆中流体的流动和传热问题。为了减少计算机的计算工作量并考虑流体穿过过滤介质时的实际流态状况，Patankar 和 Spalding[211]提出了采用分布阻力的方法，也成为多孔介质模型的方法。

国内外学者采用多相流模型和多孔介质模型对各领域中流体流动问题进行了深入的研究。耿丽萍等、王燕燕等、潘子衡等、王栋蕾等、M. S. Brennan 等[212]采用多相流模型和混合模型对过滤分离器内部流场压力、速度分布及水沙分离进行研究。邓斌等、陈凯华等研究分析了多孔介质模型在管壳式换热器和挡风抑尘墙方面数值模拟应用。

1.7　研究目标、方法及主要内容

1.7.1　研究目标

揭示鱼雷网式过滤器的流场分布规律，探明该过滤器的运行机理，优化其结构形式，建立该过滤器在清水和浑水条件下流量与水头损失函数关系，确定鱼雷网式过滤器运行时的最佳排污时间和预设压差值，提出实际工程中该过滤器的运行管理模式。

1.7.2　研究方法

拟采用室内典型物理模型试验、田间实际应用测试及流体力学数值模拟计算 3 种途径来研究该过滤器的水力性能、泥沙处理能力及流场分布规律，为该过滤器的结构优化及实际应用提供理论依据。

1.7.3　研究内容

1. 室内物理试验

（1）其他因素一定时，测试不同目数下鱼雷网式过滤器的水力性能和泥沙处理能力，探究目数对该过滤器的水沙分离影响。

（2）其他因素一定时，测试不同流量下鱼雷网式过滤器的水力性能和泥沙处理能力，探究流量对该过滤器的水沙分离影响。

（3）其他因素一定时，测试不同含沙量下鱼雷网式过滤器的水力性能和泥沙处理能力，探究含沙量对该过滤器的水沙分离影响。

（4）过滤器出水口在不同位置的条件下，测试过滤水力性能及泥沙处理能力，并提出结构优化方案。

2. 数值模拟

（1）利用 Fluent 软件模拟鱼雷网式过滤器内部流场，并将数值计算结果同物理模型测试结果进行定性和定量对比，最终确定计算模型。

（2）利用数值计算结果，并结合理论分析的方法探明鱼雷网式过滤器的过滤与冲洗机理。

（3）以提高流场分布的均匀性为考核指标，对鱼雷网式过滤器的结构进行优化，即过滤器出水口位置。

（4）采用 Fluent 软件模拟不同流量、不同进口压强及不同滤网目数下的流场分布情况。

3. 现场测试

踏勘实际应用项目区，在田间测试鱼雷网式过滤器的水力性能及泥沙处理能力，根据现场运行情况，并结合室内物理试验及数值计算的结果，提出该过滤器最终的运行管理方式。

拟解决的关键问题：由于鱼雷网式过滤器的数值模拟及室内物理模型试验研究甚少，尤其是内部流场分布规律的研究几乎是空白。因此，结合大量的试验数据并利用数值模拟模型揭示运动场的分布规律是本研究课题的关键。

第 2 章　鱼雷网式过滤器的清水物理模型试验

2.1　概述

鱼雷网式过滤器的清水物理模型试验在新疆农业大学水利与土木工程学院和新疆鑫水现代水利工程有限公司产学研教学实习基地（新疆鑫水现代水利工程有限公司产品研发中心）进行，鱼雷网式过滤器结构参数包括：罐体长度1031mm，直径为254mm；滤网长度961mm，直径为200mm；进、出口直径为200mm；鱼雷长度1031mm，直径154mm；排污口直径50mm。

本章主要针对水源为清水条件下，3 种不同出水口的鱼雷网式过滤器（出水口中心线离进水口的距离分别为 0.52m、0.72m 及 0.92m），分别对过滤器壳体、滤网、滤网及鱼雷部件完整状态，以及滤网目数 80 目（网孔直径 0.2127mm）和 120 目（网孔直径 0.1210mm），过滤器水头损失变化规律进行试验研究。

2.2　鱼雷网式过滤器的清水试验概况

2.2.1　试验装置

为了顺利开展实验工作，在新疆鑫水现代水利工程有限公司研发中心原有试验装置的基础上，重新设计和组装试验装置。本装置具有易操作、易拆装和方便观察等特点，如图2.1 所示。

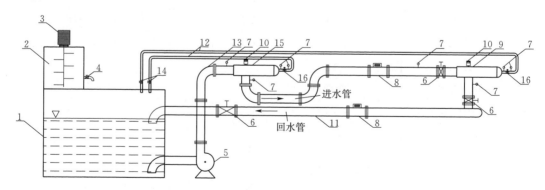

图 2.1　鱼雷网式过滤器清水试验装置示意图

1—蓄水池；2—搅拌池；3—搅拌电机；4—球阀；5—离心泵；6—蝶阀；7—压力表；8—流量计；

9—测试过滤器；10—冲洗控制器；11—回水管；12—排污管；13—进水管；

14—排污球阀；15—前过滤器；16—排污阀

2.2.2　试验设备与仪器

　　试验场所具备室内试验所需要的各种仪器设备，能够保证试验研究工作的顺利进行。试验供水装置为 5m×4m×2m 的蓄水池，为保证浑水试验过程中进水含沙量的稳定和均匀，在蓄水池内装有直径为 1.5m、高为 1m 的圆柱形搅拌池一个，其动力来源是额定功率为 1.5kW 的三相异步电动机；变频柜能够保证连续稳定地提供压力水源，并根据试验流量要求调节进水流量，保证在管路中水流保持恒定流状态；试验中使用 MSDSLD105 - 200 - 286t 便携式超声波流量计来测量进水口及出水口的流量变化。为了消除水流脉动的影响，流量计安装位置离上游干扰源的距离不得小于管内径的 10 倍，距下游干扰源不得小于 5 倍的管内径。为精确读取鱼雷网式过滤器进出口压力和排污阀前后压力，配置了 4 个高精度（0.1%）的压力传感器及压力表。与此同时，进出口压差还可以从冲洗控制器自带的压差传感器读取。本试验选用的冲洗控制器带有预设压差和时间排污功能。试验所用各种设备性能参数详见表 2.1。

表 2.1　　　　　　　　　　　鱼雷网式过滤器试验设备性能参数

序号	设备名称	型号	数量	备注
1	动力配电柜	XG - 55P	1	用于离心泵变频
2	自吸泵	RT - 250 - DZ	1	额定流量 400m³/h
3	三相异步电动机	YWP2 - 250M - 4	1	额定功率 22kW（配套离心泵）
4	电磁流量计	MSDSLD105 - 200 - 286t	2	置于过滤器进、出口试验要求位置
5	压力传感器	15120114	2	置于过滤器进、出口，精度 0.1%
6	压力表	YN - 40A	4	置于过滤器和排污阀进、出口位置
7	微型过滤器	TEFEN	1	用于冲洗控制器供清水
8	鱼雷网式过滤器	8GWZ - 300	3	根据试验要求更换滤网（80 目和 120 目）
9	蝶阀	WCB - 258	4	用于调节流量
10	搅拌器	XLD3 - 35	1	用于浑水搅拌均匀
11	三相异步电动机	YE2 - 90L - 4	1	额定功率 1.5kW（置于搅拌池内）
12	分析天平	JA2003	1	
13	电热恒温箱	Z02 - OS	1	
14	浊度分析仪	WZT - 2	1	
15	激光粒度分析仪	LS - 609	1	
16	玻璃滤斗		1	10~1000mL
17	慢速滤纸		1	双圈 - 600
18	烧杯		2	
19	量筒		2	500mL
20	筛子		1	10~1500 目，用于泥沙颗粒级配
21	干燥器		1	

2.2.3　试验内容与方法

试验内容：试验水源为清水，3 种不同出水口的鱼雷网式过滤器（出水口中心线离进水口的距离分别为 0.52m、0.72m 及 0.92m）；为了得到过滤器各部分对总水头损失的贡献，特别是区分加入鱼雷部件和不加鱼雷部件所产生的水头损失变化，进行 3 种分体试验。

（1）过滤器内没有安装滤网和鱼类部件，过滤器进出口水头损失随流量的变化关系。

（2）过滤器内只安装滤网，不带鱼雷部件（滤网目数分别为 80 目和 120 目），过滤器进出口水头损失随流量的变化关系。

（3）过滤器滤网内装有鱼雷部件（滤网目数分别为 80 目和 120 目），过滤器水头损失随流量的变化关系。

试验方法：检测完毕试验装置没有漏水及其他异常现象，而且运行稳定后，读取流量计读数，并读取对应流量条件下过滤器进出口压力表读数，量取进出口的高程差，最后根据所列出的能量方程，计算得出水头损失大小。通过改变进水管或出水管的手动蝶阀开度对流量进行调节，并重复以上对水头损失随流量变化关系的试验过程。

2.2.4　试验组次安排

本文研究的鱼雷网式过滤器额定流量为 $300\text{m}^3/\text{h}$，为了分析水头损失随流量变化关系，在进行试验时，测取进、出水口的流量。流量变化范围为 $30\sim450\text{m}^3/\text{h}$，通过调节手动螺旋蝶阀开度和变频柜频率（Hz）使进、出水管流量变化，以 $30\text{m}^3/\text{h}$ 为变化值。同时记录对应流量下的过滤器进出口压力读数。根据试验组次测得的结果，可做出不同边界条件和流量下相对应的局部水头损失值，并拟合出水头损失 h_w 和流量 Q 之间的关系表达式。试验组次详见表 2.2。

表 2.2　　　　　　　　　　　　清水条件下试验组次

滤网目数 /目	组次	进水管蝶阀开度 /%	出水管控制流量 Q /(m³/h)
	1	100	30
	2	100	60
	3	100	90
	4	100	120
	5	100	150
	6	100	180
	7	100	210
80	8	100	240
	9	100	270
	10	100	300
	11	100	330
	12	100	360
	13	100	390
	14	100	420
	15	100	450

续表

滤网目数 /目	组次	进水管蝶阀开度 /%	出水管控制流量 Q /(m³/h)
120	1	100	30
	2	100	60
	3	100	90
	4	100	120
	5	100	150
	6	100	180
	7	100	210
	8	100	240
	9	100	270
	10	100	300
	11	100	330
	12	100	360
	13	100	390
	14	100	420
	15	100	450

2.3　鱼雷网式过滤器清水运行特性研究

2.3.1　鱼雷网式过滤器的结构特点与工作原理

　　试验用鱼雷网式过滤器进出口尺寸为 8″，壳体直径为 254mm，长度为 1031mm，滤网过滤精度为 80 目（网孔直径 0.2127mm）、120 目（网孔直径 0.1210mm），额定过滤流量为 300m³/h 的鱼雷网式过滤器。

　　鱼雷网式过滤器的工作原理包括过滤过程和自动冲洗过程。过滤过程：含沙灌溉水由进口 1 进入滤网室，由里向外通过滤网 5，由底下出水口 13 流出，这样所有大于网孔孔径尺寸的污物都要滞留在滤网内侧表面上，因鱼雷部件的存在而防止大多污物会滞留在滤网内侧表面，而且集中在鱼雷末端杂物区域等待冲洗，具体过程如图 1.1 所示（图中箭头方向为水流运动方向）。

　　自动冲洗过程：随着污物的累积，滤网内外侧间产生一定的压差，当水头损失达到预设压差值时，压差传感器将信息传到冲洗控制器 4，控制器自动开启排污阀 10 通向大气进行排污。此时，滤网外侧的部分过滤水靠压差反流进入滤网内侧，同时迫使吸附在滤网内表面及网孔的污物脱落，并依靠过滤器内外压力产生的很大压差冲刷力将污物经排污阀排出，排污的同时过滤依然进行，不间断地向微灌系统供水，当达到预设的排污时间时，排污阀自动关闭，冲洗结束，过滤器再次进入正常过滤状态。

2.3.2 水头损失的试验研究

2.3.2.1 水头损失的讨论

参照图 2.1 的试验装置，当水流流经各个变径口、蝶阀、鱼雷部件及滤网时，水流内部各个质点的流速发生改变，同时其机械能也在转化，即势能与动能相互转化并伴有能量损失，从而当水流流经这些突变部位、中间媒体及介质时都要产生水头损失。

对过滤器本身而言，当正常过滤时，水流从进水口流入，出水口流出，整个流程所产生的水头损失 h_w，是各段沿程水头损失 $\sum h_f$ 和各个局部水头损失 $\sum h_j$ 的代数和，即

$$h_w = \sum h_f + \sum h_j \tag{2.1}$$

式中：$\sum h_f$ 为过滤器从进水口至出水口全流程总沿程水头损失，m；$\sum h_j$ 为从过滤器进水口至出水口全流程中管径和水流方向突变部位、各种水流检测和控制仪器安装处及过滤器罐体内滤网和鱼雷部件所产生的总局部水头损失，m。

对于鱼雷网式过滤器来说，由于从进水口到出水口水流较复杂，为强烈的湍流运动，且水流流程很短，几乎没有直流段，因此可以忽略其沿程水头损失，主要考虑局部水头损失，即

$$h_w = \sum h_j \tag{2.2}$$

基于影响过滤器水头损失的因素，采用量纲分析方法来研究水头损失。为全面了解水头损失变化规律奠定坚实的基础。网式过滤器水头损失与过滤器结构参数、过滤介质参数及过滤液体参数有密切的关系。在清水条件下，影响过滤器水头损失的主要因素有进出水口直径 $D_1 = D_2 = D$、出水口角度 α、滤网孔径 d_m、滤网目数 M、鱼雷直径 d_n、进出口水流流速 v、滤网孔径平均水流流速 v_m、水流的密度 ρ、动力黏滞系数 μ、滤网内侧壁粗糙度 Δ、过滤器进出水口压差 Δp 及重力加速度 g。函数关系为：

$$f(D, \alpha, d_m, M, d_n, \rho, v, v_m, \mu, \Delta, \Delta p, g) = 0 \tag{2.3}$$

对于不可压缩流体运动，则选取 M、L、T 这 3 个基本量纲，其他物理量纲均为导出量纲[213]。从各个独立影响因素中选取 D（几何量）、ρ（动力量）、v（运动量）为 3 个基本物理量，利用 Buckingham's pi - theorem 量纲分析方法，上式可用 9 个无量纲数组成的关系式来表达，即

$$\left\{\begin{array}{l} \pi_1 = \dfrac{\mu}{D^{a_1} \rho^{b_1} v^{c_1}} \,,\ \pi_2 = \dfrac{\Delta p}{D^{a_2} \rho^{b_2} v^{c_2}} \,,\ \pi_3 = \dfrac{\alpha}{D^{a_3} \rho^{b_3} v^{c_3}} \,, \\[3mm] \pi_4 = \dfrac{d_m}{D^{a_4} \rho^{b_4} v^{c_4}} \,,\ \pi_5 = \dfrac{M}{D^{a_5} \rho^{b_5} v^{c_5}} \,,\ \pi_6 = \dfrac{v_m}{D^{a_6} \rho^{b_6} v^{c_6}} \,, \\[3mm] \pi_7 = \dfrac{g}{D^{a_7} \rho^{b_7} v^{c_7}} \,,\ \pi_8 = \dfrac{d_n}{D^{a_8} \rho^{b_8} v^{c_8}} \,,\ \pi_9 = \dfrac{\Delta}{D^{a_9} \rho^{b_9} v^{c_9}} \end{array}\right\} \tag{2.4}$$

因此，鱼雷网式过滤器的局部水头损失可按下式表示：

$$\sum h_j - \Delta z = \frac{\Delta p}{\rho g} = \frac{1}{2g} \rho v^2 f_1 \left(\frac{\mu}{D \rho v}, \ \alpha, \ \frac{d_m}{D}, \ M, \ \frac{v_m}{v}, \ \frac{Dg}{v^2}, \ \frac{d_n}{D}, \ \frac{\Delta}{D} \right) \tag{2.5}$$

则

$$\sum h_j - \Delta z = \frac{\Delta p}{\rho g} = \frac{v^2}{2g} f_2 \left(\frac{\mu}{D \rho v}, \ \alpha, \ \frac{d_m}{D}, \ M, \ \frac{v_m}{v}, \ \frac{Dg}{v^2}, \ \frac{d_n}{D}, \ \frac{\Delta}{D} \right) = \zeta \frac{v^2}{2g} \tag{2.6}$$

故在原则上鱼雷网式过滤器的局部水头损失按下式计算：

$$h_w = \sum h_j = \sum \zeta \frac{v^2}{2g} \tag{2.7}$$

2.3.2.2　清水水头损失

1. 清水水头损失方程式的建立

在这里重新探讨建立水头损失方程式的目的，是为计算方便考虑，因用式（2.7）计算局部水头损失需要进行大量的试验工作，而且所需的时间也很长。因此，设进水口流量为 Q，取过滤器过滤网进水口为 1—1 断面，出水口附近为 2—2 断面，0—0 基准面如图 2.2 所示。

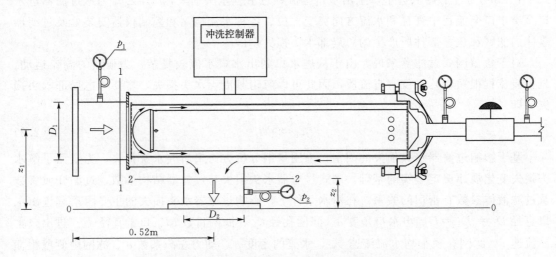

图 2.2　鱼雷网式过滤器水头损失计算示意图

对断面 1—1 和 2—2 断面列出能量方程，则有：

$$z_1 + \frac{p_1}{\rho g} + \frac{\alpha_1 v_1^2}{2g} = z_2 + \frac{p_2}{\rho g} + \frac{\alpha_2 v_2}{2g} + h_w \tag{2.8}$$

式中：z_1、z_2 分别为进、出水口断面水位，m；p_1、p_2 分别为 1—1 断面和 2—2 断面压力，MPa；v_1、v_2 分别为 1—1 断面和 2—2 断面的平均流速，m/s；α_1、α_2 分别为动量修正系数，取为 1.0；h_w 为水流在 1—1 断面和 2—2 断面之间的水头损失，m。由式（2.8）得出：

$$h_w = (z_1 - z_2) + \left(\frac{p_1}{\rho g} - \frac{p_2}{\rho g} \right) + \left(\frac{\alpha_1 v_1^2}{2g} - \frac{\alpha_2 v_2^2}{2g} \right) \tag{2.9}$$

式（2.9）中，令 $z_1 - z_2 = \Delta z$，m；$\frac{p_1}{\rho g} - \frac{p_2}{\rho g} = \frac{\Delta p}{\rho g}$，m；根据连续性方程：$A_1 v_1 = A v_2 = Q$，可得出 $v_1 = \frac{Q}{A_1}$，$v_2 = \frac{Q}{A_2}$，其中 $A_1 = \pi \frac{D_1^2}{4}$，$A_1 = \pi \frac{D_2^2}{4}$，所以 $\frac{v_1^2}{2g} - \frac{v_2^2}{2g} = \frac{16Q^2}{2g \pi^2 D_1^4} -$

$\dfrac{16Q^2}{2g\pi^2D_2^4}=\dfrac{8Q^2(D_2^4-D_1^4)}{g\pi^2D_1^4D_2^4}$ ，从式（2.9）得鱼雷网式过滤器清水水头损失求解表达式：

$$h_w=\Delta z+\frac{\Delta p}{\rho g}+\frac{8Q^2(D_2^4-D_1^4)}{g\pi^2D_1^4D_2^4} \tag{2.10}$$

式中：ρ 为液体的密度，kg/m^3；g 为重力加速度，m/s^2，$\rho g=9.8\times10^3\ N/m^3$；$D_1$ 为进水口直径，m；D_2 为出水口直径，m。

取 0-0 断面处为基准面，通过对试验用过滤器的测量，即得 $z_1-z_2=0.581m$，$D_1=D_2=200mm$，代入式（2.10）得：

$$h_w=0.581+102.041\,\Delta p \tag{2.11}$$

式中：Δp 为 1-1 断面和 2-2 断面压差，MPa。

综上，式（2.11）为本试验用的过滤器清水局部水头损失计算表达式。

2. 清水水头损失试验结果分析

清水作为鱼雷网式过滤器试验水源时，一般不会发生过滤器滤网堵塞现象。通过控制安置于过滤器进、出水管的蝶阀和变频器频率来调节流量，并测定相对应的清水水头损失值。与此同时，绘制流量和水头损失关系曲线，此曲线可作为过滤器的清洁压降曲线[214]，为过滤器设计研制、结构优化及微灌系统实际运行管理提供技术参考资料。

试验过程中，将进水口流量从小到大和从大到小进行调节，每 $30m^3/h$ 为一个间隔，结合过滤器进出口压力表示数差值 Δp，最后由式（2.11）计算出本试验用过滤器的清水局部水头损失值。

（1）鱼雷网式过滤器壳体进出口水头损失。本试验的主要目的是过滤器在不同出水口位置条件下，即从进水口至出水口中心线的距离分别为 0.52m、0.72m 及 0.92m，如图 2.3~图 2.5 所示，测定水流通过过滤器壳体进出口所发生的水头损失，并为准确确定滤网和鱼雷部件水头损失提供依据，详见表 2.3~表 2.5。

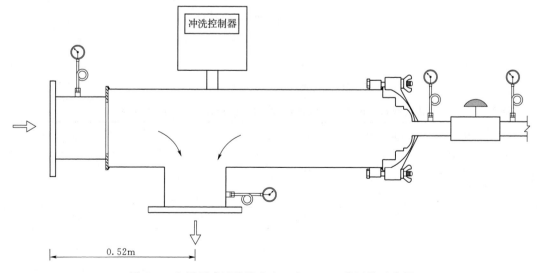

图 2.3 鱼雷网式过滤器出水口在 0.52m 位置的示意图

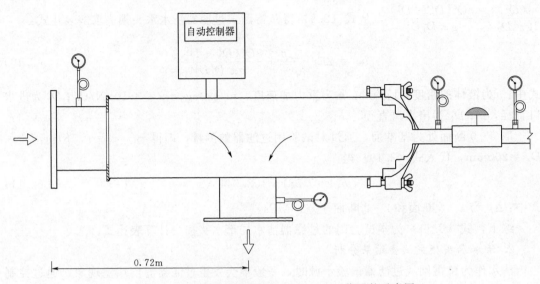

图 2.4　鱼雷网式过滤器出水口在 0.72m 位置的示意图

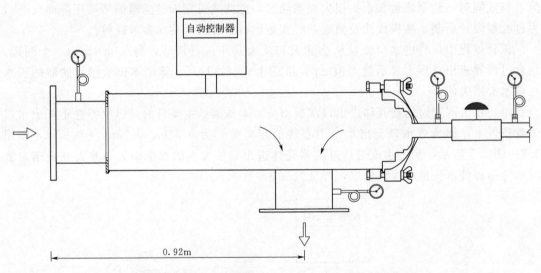

图 2.5　鱼雷网式过滤器出水口在 0.92m 位置的示意图

表 2.3　　　鱼雷网式过滤器出水口在 0.52m 位置的壳体水头损失统计表

序号	进水流量 Q /(m³/h)	进口压强 p_1 /MPa	出口压强 p_2 /MPa	压差 $\Delta p = p_1 - p_2$ /MPa	水头损失 $h_w = 0.581 + 102.041\Delta p$ /m
1	30.4	0.271	0.276	−0.005	0.071
2	60.2	0.267	0.272	−0.005	0.071
3	90.3	0.262	0.267	−0.005	0.071
4	120.2	0.256	0.261	−0.005	0.071
5	149.8	0.251	0.255	−0.004	0.173

续表

序号	进水流量 Q /(m³/h)	进口压强 p_1 /MPa	出口压强 p_2 /MPa	压差 $\Delta p = p_1 - p_2$ /MPa	水头损失 $h_w = 0.581 + 102.041\Delta p$ /m
6	180.6	0.247	0.251	−0.004	0.173
7	210.8	0.240	0.243	−0.003	0.275
8	240.4	0.230	0.232	−0.002	0.377
9	270.2	0.218	0.220	−0.002	0.377
10	300.5	0.204	0.204	0.000	0.581
11	331.2	0.188	0.187	0.001	0.683
12	360.4	0.170	0.168	0.002	0.785
13	390.6	0.148	0.144	0.004	0.989
14	420.9	0.120	0.115	0.005	1.091
15	450.8	0.088	0.081	0.007	1.295

表 2.4　　鱼雷网式过滤器出水口在 0.72m 位置的壳体水头损失统计表

序号	进水流量 Q /(m³/h)	进口压强 p_1 /MPa	出口压强 p_2 /MPa	压差 $\Delta p = p_1 - p_2$ /MPa	水头损失 $h_w = 0.581 + 102.041\Delta p$ /m
1	30.3	0.271	0.276	−0.005	0.071
2	60.5	0.267	0.272	−0.005	0.071
3	89.9	0.261	0.266	−0.005	0.071
4	120.7	0.257	0.261	−0.004	0.173
5	150.1	0.252	0.256	−0.004	0.173
6	180.5	0.248	0.251	−0.003	0.275
7	210.2	0.241	0.243	−0.002	0.377
8	240.2	0.230	0.232	−0.002	0.377
9	270.5	0.218	0.219	−0.001	0.479
10	300.7	0.205	0.205	0.000	0.581
11	330.7	0.189	0.188	0.001	0.683
12	359.1	0.172	0.170	0.002	0.785
13	390.8	0.150	0.146	0.004	0.989
14	420.8	0.125	0.120	0.005	1.091
15	451.2	0.094	0.087	0.007	1.295

表 2.5　　　　鱼雷网式过滤器出水口在 0.92m 位置的壳体水头损失统计表

序号	进水流量 Q /(m³/h)	进口压强 p_1 /MPa	出口压强 p_2 /MPa	压差 $\Delta p = p_1 - p_2$ /MPa	水头损失 $h_w = 0.581 + 102.041\Delta p$ /m
1	30.5	0.270	0.275	−0.005	0.071
2	60.3	0.266	0.271	−0.005	0.071
3	90.2	0.261	0.266	−0.005	0.071
4	120.5	0.256	0.261	−0.005	0.071
5	150.1	0.251	0.256	−0.005	0.071
6	180.7	0.246	0.250	−0.004	0.173
7	209.9	0.239	0.242	−0.003	0.275
8	240.2	0.229	0.232	−0.003	0.275
9	271.1	0.217	0.219	−0.002	0.377
10	300.9	0.203	0.204	−0.001	0.479
11	330.8	0.187	0.187	0.000	0.581
12	359.9	0.169	0.168	0.001	0.683
13	390.2	0.148	0.146	0.002	0.785
14	420.6	0.123	0.120	0.003	0.887
15	450.6	0.096	0.091	0.005	1.091

　　从表 2.3～表 2.5 可看出，当过滤器出水口在以上所示的 3 个不同位置时，随着进水口流量的增大，水头损失 h_w 逐渐增大。设计进水流量 300m³/h，出水口位置在 0.52m、0.72m 及 0.92m 不同的边界条件下，所对应的水头损失值分别为 0.581m、0.581m 及 0.479m；过滤器壳体在以上 3 个不同出水口位置所发生的水头损失变化呈现逐渐减小的趋势。

　　由试验资料分析，在清水条件下所产生的过滤器水头损失指过滤器进、出水口的总压力降，其与局部水头损失系数 $\sum\zeta$ 与进、出口尺寸和位置有关，而且结合式（2.7）易知，过滤器的局部水头损失系数 $\sum\zeta$ 不会随着时间发生变化，其局部水头损失只与进水流量大小即流速有关。

　　由于过滤器在运行过滤时，内部水流处于强烈的紊流状态，难以确定其水头损失系数值 $\sum\zeta$ 的大小。根据试验资料和查阅文献可以用式（2.12）的形式来表示过滤器水头损失与进水流量之间的关系，即

$$h_w = kQ^x \tag{2.12}$$

式中：k 为过滤器的水头损失系数，与过滤器形状、滤网有效面积系数、鱼雷部件直径、滤网内侧表面粗糙度、过滤器制造材质及加工工艺精度等有关；x 为流量指数。

结合表 2.3～表 2.5，可做出不同进水流量和不同出水口位置情况下过滤器的局部水头损失变化曲线，拟合出水头损失经验公式，如图 2.6 所示和见表 2.6。

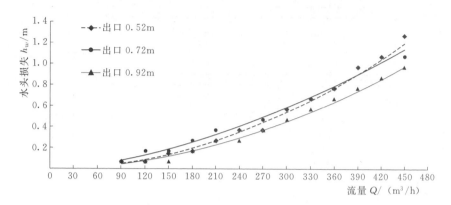

图 2.6　鱼雷网式过滤器出水口在 0.52m、0.72m、0.92m 位置的壳体
水头损失变化曲线

表 2.6　　　　　　　　　　　**鱼雷网式过滤器壳体水头损失公式拟合结果**

序号	出水口位置	公式拟合结果
1	0.52m	$h_w = 0.000008Q^{1.9546}, R^2 = 0.9804$
2	0.72m	$h_w = 0.000044Q^{1.6699}, R^2 = 0.9832$
3	0.92m	$h_w = 0.000008Q^{1.9198}, R^2 = 0.9532$

由图 2.6，并结合式（2.7）可知，进水流量小，水流通过过滤器的流速小，引起初始水头损失变化比较缓慢，而且进出口压力表压差示数也较小；随着进水流量的继续增加，其水头损失稳步增加，没有出现水头损失剧变现象。本文试验研究的鱼雷网式过滤器的设计流量为 300m³/h，在此进水流量下，结合表 2.3～表 2.5 和图 2.6 可知，过滤器壳体本身在不同 3 个出水口位置状况下所发生的水头损失分别为 0.581m、0.581m 及 0.479m，此数据将可作为计算本试验用鱼雷网式过滤器滤网水头损失的初始值，即有利于准确确定水流穿过滤网时所产生的实际水头损失值。

（2）鱼雷网式过滤器滤网水头损失。为了准确测试并得到滤网本身所发生的净水头损失，在滤网内不安装鱼雷部件条件下进行水头损失试验。当清水流过滤网时不会发生堵塞现象，但是水流流态与壳体水头损失试验时的状况有所变化。水流穿过网孔受到一定的阻力，此阻力大小与滤网丝径和孔径有着密切的关系，即丝径小、孔径大，则阻力相应的就小，反之亦然，结果滤网引起较大的水头损失变化。为了探究滤网水头损失随进水流量的变化规律，采用过滤器出水口在不同的 3 个位置（图 2.7～图 2.9）和不同滤网目数（80 目和 120 目）对其进行清水水头损失试验，详见表 2.7～表 2.15。

1）出水口在 0.52m 试验结果。

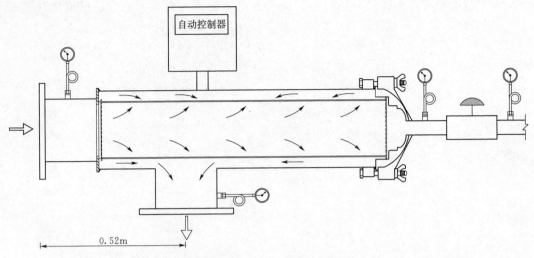

图 2.7　鱼雷网式过滤器出水口在 0.52m 位置的滤网清水水头损失计算示意图

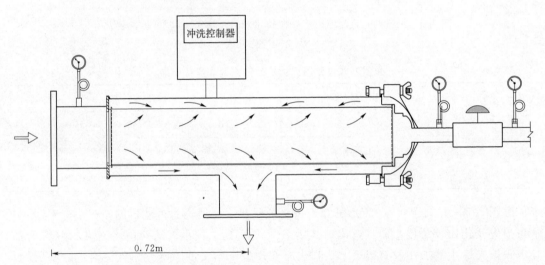

图 2.8　鱼雷网式过滤器出水口在 0.72m 位置的滤网清水水头损失计算示意图

表 2.7　　80 目滤网鱼雷网式过滤器出水口在 0.52m 位置的清水水头损失统计表

序号	进水流量 Q /(m³/h)	进口压强 p_1 /MPa	出口压强 p_2 /MPa	压差 $\Delta p = p_1 - p_2$ /MPa	水头损失 $h_w = 0.581 + 102.041\Delta p$ /m
1	30.9	0.270	0.275	−0.005	0.071
2	60.9	0.265	0.270	−0.005	0.071
3	90.1	0.260	0.265	−0.005	0.071
4	120.3	0.255	0.259	−0.004	0.173
5	151.1	0.250	0.254	−0.004	0.173
6	180.6	0.246	0.248	−0.002	0.377

续表

序号	进水流量 Q /(m³/h)	进口压强 p_1 /MPa	出口压强 p_2 /MPa	压差 $\Delta p = p_1 - p_2$ /MPa	水头损失 $h_w = 0.581 + 102.041\Delta p$ /m
7	209.6	0.238	0.239	−0.001	0.479
8	240.2	0.229	0.228	0.001	0.683
9	270.4	0.216	0.213	0.003	0.887
10	301.0	0.202	0.197	0.005	1.091
11	331.1	0.186	0.178	0.008	1.397
12	360.1	0.167	0.158	0.009	1.499
13	391.3	0.144	0.131	0.013	1.908
14	420.9	0.116	0.100	0.016	2.214
15	450.6	0.086	0.067	0.019	2.520

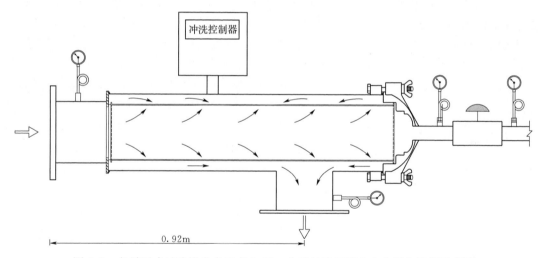

图 2.9 鱼雷网式过滤器出水口在 0.92m 位置的滤网清水水头损失计算示意图

表 2.8　　120 目滤网鱼雷网式过滤器出水口在 0.52m 位置的清水水头损失统计表

序号	进水流量 Q /(m³/h)	进口压强 p_1 /MPa	出口压强 p_2 /MPa	压差 $\Delta p = p_1 - p_2$ /MPa	水头损失 $h_w = 0.581 + 102.041\Delta p$ /m
1	30.3	0.270	0.275	−0.005	0.071
2	61.1	0.265	0.270	−0.005	0.071
3	90.1	0.261	0.266	−0.005	0.071
4	120.2	0.255	0.259	−0.004	0.173
5	150.5	0.251	0.254	−0.003	0.275
6	180.3	0.246	0.248	−0.002	0.377

序号	进水流量 Q /(m³/h)	进口压强 p_1 /MPa	出口压强 p_2 /MPa	压差 $\Delta p = p_1 - p_2$ /MPa	水头损失 $h_w = 0.581 + 102.041\Delta p$ /m
7	210.6	0.239	0.239	0.000	0.581
8	239.8	0.230	0.228	0.002	0.785
9	270.8	0.217	0.213	0.004	0.989
10	300.5	0.204	0.197	0.007	1.295
11	330.4	0.188	0.179	0.009	1.499
12	360.4	0.170	0.158	0.012	1.805
13	390.6	0.149	0.134	0.015	2.112
14	420.4	0.124	0.106	0.018	2.418
15	450.8	0.095	0.074	0.021	2.724

结合表 2.7、表 2.8 和图 2.10 可知，在同样一个出水口位置 0.52m 条件下，随着进水口流量的增加，80 目和 120 目过滤网的水头损失逐渐增大；在相同流量条件下，这两种不同过滤精度的滤网水头损失大小可写成 120 目＞80 目，这是因为滤网水头损失与滤网网孔基本尺寸（网孔直径）、滤网丝径及目数大小有着密切的关系。本试验使用 120 目滤网的网孔直径为 0.1210mm，丝径为 0.0907mm，有效过滤面积系数为 0.26，80 目滤网的网孔直径为 0.2127mm，丝径为 0.1162mm，有效过滤面积系数为 0.33，故在相同过流量下，穿过网孔面积小的水流流速要大，即水流通过 120 目滤网的平均流速大于 80 目滤网平均流速；进水流量增加到额定设计流量 300m³/h 时，按以下计算滤网平均流速经验公式得到平均流速：

$$v_m = \frac{Q}{3600} / \left[\frac{S}{1000^2} \frac{d_p^2}{(d_m + d_p)^2} \right] \tag{2.13}$$

式中：v_m 为滤网平均流速，m/s；Q 为进水流量，m³/h；S 为有效过滤面积，mm²；d_p 为滤网孔径，mm；d_m 为滤网丝径，mm。

经计算得到 80 目和 120 目滤网平均流速分别为 0.840m/s 和 1.322m/s。

当进水流量稳步增加并达到额定设计过流量 300m³/h 时，80 目和 120 目的各滤网相对应的水头损失分别为 1.091m 和 1.295m，除去出水口位置在 0.52m 时的过滤器壳体进出口所发生的水头损失 0.581m，各滤网本身所产生的净水头损失值分别为 0.510m 和 0.714m。从水头损失变化曲线图 2.10 和表 2.7 及表 2.8 可看出，进水流量在 30～90m³/h 范围内，水头损失随流量没有发生变化，虽然过流量明显增加，但相对于滤网有效过滤面积流量仍然很小，即 0.071m；当过流量超过 90m³/h 时，水头损失开始缓慢变化；但过流量增加到 240m³/h 时，水头损失才会出现较大幅度变化态势。

与此同时，由水头损失公式拟合结果表 2.9 可看出，水头损失拟合经验公式的相关系数 R^2 均大于 0.98，拟合度较高，而且 80 目、120 目滤网流量指数都在 2 左右，水头损失系数很小，水头损失随进水流量的变化较缓慢，则过滤器水力性能好，设计较合理[215]。

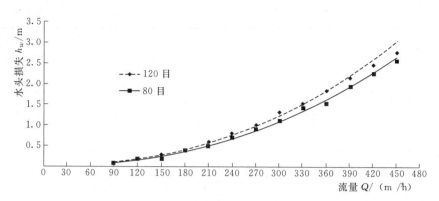

图 2.10　80 目和 120 目滤网鱼雷网式过滤器出水口在 0.52m 位置的
清水水头损失变化曲线

表 2.9　　　　80 目和 120 目滤网鱼雷网式过滤器出水口在 0.52m 位置的
水头损失公式拟合的结果

序号	滤网目数	公式拟合结果
1	80 目	$h_w = 0.000004Q^{2.2090}, R^2 = 0.9897$
2	120 目	$h_w = 0.000004Q^{2.2193}, R^2 = 0.9958$

2）出水口在 0.72m 试验结果。鱼雷网式过滤器出水口位置在 0.72m 的边界条件下，由水头损失统计表 2.10，表 2.11 和水头损失变化曲线图 2.11 可知，滤网水头损失随进水流量的增加而增大，与同出水口位置在 0.52m 时的水头损失变化规律一样，进水流量在 $30 \sim 60 m^3/h$ 范围内，水头损失随着流量变化没有发生变化，当流量达到 $90m^3/h$ 时，水头损失变化开始出现缓慢增加；进水流量继续增加到 $270m^3/h$，80 目和 120 目滤网水头损失差别明显体现，当进水流量达到设计流量 $300m^3/h$ 时，80 目和 120 目滤网相对应的水头损失分别为 1.295m 和 1.397m，减去过滤器壳体进出口所发生的水头损失 0.581m，各滤网本身所产生的净水头损失为 0.714m、0.816m，相比出水口位置在 0.52m 的情形，滤网水头损失值都大于相应规格滤网的水头损失值。

表 2.10　　80 目滤网鱼雷网式过滤器出水口在 0.72m 位置的清水水头损失统计表

序号	进水流量 Q /(m³/h)	进口压强 p_1 /MPa	出口压强 p_2 /MPa	压差 $\Delta p = p_1 - p_2$ /MPa	水头损失 $h_w = 0.581 + 102.041\Delta p$ /m
1	30.6	0.270	0.275	−0.005	0.071
2	60.1	0.265	0.270	−0.005	0.071
3	90.3	0.261	0.265	−0.004	0.173
4	120.1	0.256	0.259	−0.003	0.275
5	151.1	0.251	0.253	−0.002	0.377
6	178.5	0.247	0.248	−0.001	0.479
7	210.1	0.239	0.238	0.001	0.683

序号	进水流量 Q /(m³/h)	进口压强 p_1 /MPa	出口压强 p_2 /MPa	压差 $\Delta p = p_1 - p_2$ /MPa	水头损失 $h_w = 0.581 + 102.041\Delta p$ /m
8	241.4	0.229	0.226	0.003	0.887
9	270.2	0.217	0.213	0.004	0.989
10	300.5	0.204	0.197	0.007	1.295
11	330.1	0.188	0.179	0.009	1.499
12	360.4	0.169	0.157	0.012	1.805
13	390.0	0.148	0.134	0.014	2.010
14	420.6	0.123	0.104	0.019	2.520
15	450.6	0.092	0.069	0.023	2.928

表 2.11　　120 目滤网鱼雷网式过滤器出水口在 0.72m 位置的清水水头损失统计表

序号	进水流量 Q /(m³/h)	进口压强 p_1 /MPa	出口压强 p_2 /MPa	压差 $\Delta p = p_1 - p_2$ /MPa	水头损失 $h_w = 0.581 + 102.041\Delta p$ /m
1	30.7	0.270	0.275	-0.005	0.071
2	60.4	0.265	0.270	-0.005	0.071
3	90.2	0.261	0.265	-0.004	0.173
4	120.2	0.256	0.259	-0.003	0.275
5	150.3	0.251	0.253	-0.002	0.377
6	180.0	0.247	0.247	0.000	0.581
7	210.2	0.239	0.238	0.001	0.683
8	240.3	0.230	0.226	0.004	0.989
9	270.6	0.218	0.212	0.006	1.193
10	300.4	0.204	0.196	0.008	1.397
11	330.3	0.189	0.178	0.011	1.703
12	360.6	0.170	0.156	0.014	2.010
13	390.0	0.150	0.132	0.018	2.418
14	421.5	0.124	0.103	0.021	2.724
15	452.0	0.096	0.071	0.025	3.132

　　水头损失经验公式拟合结果表 2.12 表明，水头损失拟合经验公式相关系数 R^2 都大于 0.99，拟合度非常高。80 目和 120 目的各滤网流量指数较大，水头损失系数很小，从这些指标可看出，水头损失将不会随流量逐步增加而出现急剧变化现象；则过滤器水力性能较好，结构设计较合理，水力试验条件满足规范要求。

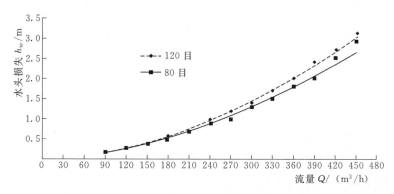

图 2.11　80 目和 120 目滤网鱼雷网式过滤器出水口在 0.72m 位置的
清水水头损失变化曲线

表 2.12　　　　　80 目和 120 目滤网鱼雷网式过滤器出水口在 0.72m 位置的
水头损失公式拟合结果

序号	滤网目数	公式拟合结果
1	80 目	$h_w = 0.00006Q^{1.7519}, R^2 = 0.9953$
2	120 目	$h_w = 0.00004Q^{1.8244}, R^2 = 0.9974$

3）出水口在 0.92m 试验结果。过滤器出水口设置在离进水口 0.92m 的结构条件下，从水头损失统计表 2.13、表 2.14 及水头损失变化曲线图 2.12 明显看出，水头损失随进水流量变化规律与出水口位置在 0.52m 和 0.72m 情形时的基本一致，进水流量在 30～90m³/h 范围内变化时，80 目和 120 目滤网水头损失随流量的变化没有发生变化；进水流量在 120～240m³/h 范围内水头损失随进水流量变化趋势呈现由初始阶段的缓慢增大变为后阶段的较快发展态势，进水量达到 240m³/h 后就进入水头损失较高梯度的发展阶段，这就体现了当流量超过某一个临界值时水头损失剧变的原理。对应于进水流量增加到设计过流量 300m³/h 时，80 目和 120 目滤网的水头损失值分别为 1.193m、1.295m，减去该过滤器出水口位置在 0.92m 时的壳体所产生的水头损失 0.479m，各滤网本身所产生的净水头损失分别为 0.714m 和 0.816m，相比出水口位置在 0.52m 和 0.72m 时的情况，其差值分别为 0.204m 和 0.102m 及 0.000m 和 0.000m，从这些数据易知，在以上 3 个不同出水口位置，即从 0.52m 到 0.92m 变化条件下，同样规格的 80 目和 120 目滤网本身所发生的净水头损失呈现逐渐减小的趋势。

表 2.13　　80 目滤网鱼雷网式过滤器出水口在 0.92m 位置的清水水头损失统计表

序号	进水流量 Q /(m³/h)	进口压强 p_1 /MPa	出口压强 p_2 /MPa	压差 $\Delta p = p_1 - p_2$ /MPa	水头损失 $h_w = 0.581 + 102.041\Delta p$ /m
1	30.2	0.269	0.274	−0.005	0.071
2	60.2	0.265	0.270	−0.005	0.071
3	90.5	0.260	0.265	−0.005	0.071
4	120.1	0.255	0.259	−0.004	0.173

续表

序号	进水流量 Q /(m³/h)	进口压强 p_1 /MPa	出口压强 p_2 /MPa	压差 $\Delta p = p_1 - p_2$ /MPa	水头损失 $h_w = 0.581 + 102.041\Delta p$ /m
5	150.6	0.250	0.253	−0.003	0.275
6	180.5	0.246	0.247	−0.001	0.479
7	210.0	0.238	0.238	0.000	0.581
8	240.3	0.228	0.226	0.002	0.785
9	270.4	0.216	0.212	0.004	0.989
10	300.2	0.202	0.196	0.006	1.193
11	330.0	0.187	0.178	0.009	1.499
12	360.8	0.168	0.156	0.012	1.805
13	390.9	0.146	0.131	0.015	2.112
14	420.5	0.122	0.104	0.018	2.418
15	450.9	0.093	0.071	0.022	2.826

表 2.14　120 目滤网鱼雷网式过滤器出水口在 0.92m 位置的清水水头损失统计表

序号	进水流量 Q /(m³/h)	进口压强 p_1 /MPa	出口压强 p_2 /MPa	压差 $\Delta p = p_1 - p_2$ /MPa	水头损失 $h_w = 0.581 + 102.041\Delta p$ /m
1	30.6	0.270	0.275	−0.005	0.071
2	60.6	0.265	0.270	−0.005	0.071
3	90.8	0.260	0.265	−0.005	0.071
4	120.2	0.255	0.258	−0.003	0.275
5	150.4	0.250	0.253	−0.003	0.275
6	180.6	0.246	0.247	−0.001	0.479
7	211.2	0.238	0.237	0.001	0.683
8	239.1	0.229	0.226	0.003	0.887
9	270.2	0.216	0.211	0.005	1.091
10	301.2	0.202	0.195	0.007	1.295
11	330.4	0.187	0.176	0.011	1.703
12	360.1	0.169	0.155	0.014	2.010
13	390.5	0.147	0.131	0.016	2.214
14	421.2	0.122	0.102	0.020	2.622
15	451.4	0.093	0.071	0.022	2.826

　　根据水头损失公式拟合结果表 2.15，水头损失拟合经验公式相关系数 R^2 均大于 0.97，表明水头损失公式拟合度较好，而且除了相关系数 R^2 值外，拟合经验公式的水头损失系数和流量指数都充分说明物理模型试验结果可靠度非常高。

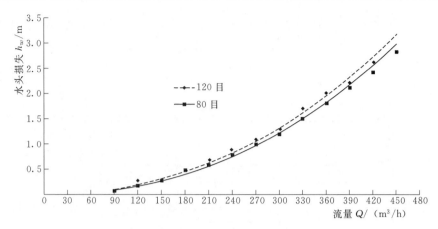

图 2.12 80 目和 120 目滤网鱼雷网式过滤器出水口在 0.92m 位置的
清水水头损失变化曲线

表 2.15 　　　　80 目和 120 目滤网鱼雷网式过滤器出水口在 0.92m 位置的水头
损失公式拟合结果

序号	滤网目数	公式拟合结果
1	80 目	$h_w = 0.000004Q^{2.1998}, R^2 = 0.9936$
2	120 目	$h_w = 0.00001Q^{2.1422}, R^2 = 0.9762$

（3）过滤器安装鱼雷部件完整状态。鱼雷部件是安装在滤网内的，由高强轻质 PE 材料制作的静态水力装置。鱼雷部件占据滤网内大部分空间，以便增加沿滤网轴向的水流速度，并阻止各种杂质滞留在滤网内侧表面。虽然鱼雷部件减少了滤网内腔过流断面，但对滤网本身有效过滤面积没有任何影响。从量纲分析得出的局部水头损失表达式（2.5）看出局部水头损失随滤网粗糙度 Δ 增大而增大，反之亦然；为了研究装有鱼雷部件的滤网水头损失随进水流量和滤网阻力的变化规律，设置过滤器出水口在 3 个不同的位置（图 2.13 ～图 2.15）和使用不同过滤精度的滤网（80 目和 120 目）对其进行水头损失试验分析。

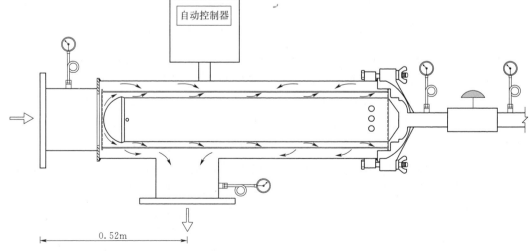

图 2.13 鱼雷网式过滤器出水口在 0.52m 位置的清水水头损失计算示意图

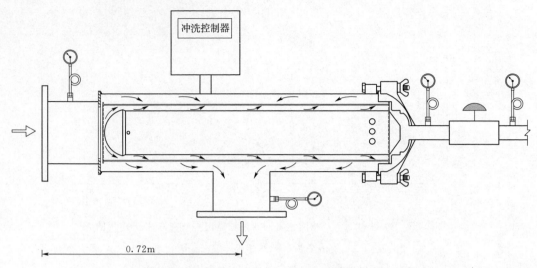

图 2.14　鱼雷网式过滤器出水口在 0.72m 位置的清水水头损失计算示意图

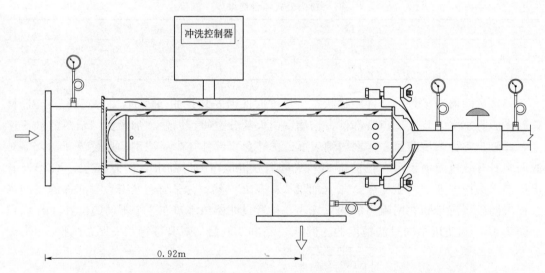

图 2.15　鱼雷网式过滤器出水口在 0.92m 位置的清水水头损失计算示意图

1）出水口位置在 0.52m 试验结果。滤网直径一定的情况下，鱼雷部件的存在在很大程度上减少了滤网轴向过水断面面积，水流流速急剧增大，因而产生了较大的水头损失。结合表 2.16、表 2.17 及图 2.16 易知，在同样一个出水口位置 0.52m 的边界条件下，水头损失随进水口流量的增加而增加，并从试验数据统计表易看出水头损失随进水流量的变化情况与仅有滤网时的有明显差别，当进水流量在 30～150m³/h 范围内稳步增加进水流量时，水头损失随进水流量的增大而缓慢增长，进水流量超过 150m³/h 后水头损失才会随进水流量的增加以较大的梯度发展；这主要是鱼雷部件占据滤网空腔断面 70% 左右的面积，滤网轴向过流面积减小，且流速增大原因而导致；因而过滤精度分别为 80 目和 120 目鱼雷滤网的水头损失增长相比于同样类型的滤网本身净水头损失明显增大；从试验数据可看出，随滤网过滤精度的增加，水头损失变化呈现逐渐降低的趋势。在设计过流量 300m³/h

的情况下，80 目和 120 目鱼雷滤网相应的水头损失分别为 3.538m 和 3.234m，减除出水口位置在 0.52m 边界条件下的相应滤网所发生的水头损失 1.091m 和 1.295m，鱼雷部件所造成的净水头损失分别为 2.447m 和 1.939m。

表 2.16　　80 目滤网鱼雷网式过滤器出水口在 0.52m 位置的清水水头损失统计表

序号	进水流量 Q /(m³/h)	进口压强 p_1 /MPa	出口压强 p_2 /MPa	压差 $\Delta p = p_1 - p_2$ /MPa	水头损失 $h_w = 0.581 + 102.041\Delta p$ /m
1	30.6	0.273	0.279	−0.006	0.069
2	60.3	0.269	0.273	−0.004	0.273
3	90.8	0.264	0.267	−0.003	0.375
4	120.7	0.259	0.259	0.000	0.681
5	150.4	0.254	0.252	0.002	0.885
6	181.0	0.250	0.243	0.007	1.395
7	210.9	0.242	0.231	0.011	1.803
8	240.6	0.233	0.217	0.016	2.314
9	270.4	0.221	0.199	0.022	2.926
10	300.2	0.207	0.179	0.028	3.538
11	330.3	0.191	0.157	0.034	4.150
12	360.7	0.173	0.130	0.043	5.069
13	389.8	0.153	0.102	0.051	5.885
14	420.7	0.128	0.068	0.060	6.803
15	452.0	0.099	0.028	0.071	7.926

表 2.17　　120 目滤网鱼雷网式过滤器出水口在 0.52m 位置的清水水头损失统计表

序号	进水流量 Q /(m³/h)	进口压强 p_1 /MPa	出口压强 p_2 /MPa	压差 $\Delta p = p_1 - p_2$ /MPa	水头损失 $h_w = 0.581 + 102.041\Delta p$ /m
1	30.5	0.274	0.279	−0.005	0.071
2	60.4	0.270	0.275	−0.005	0.071
3	90.3	0.265	0.268	−0.003	0.275
4	120.7	0.259	0.260	−0.001	0.479
5	150.0	0.255	0.253	0.002	0.785
6	180.3	0.250	0.244	0.006	1.193
7	210.6	0.242	0.230	0.012	1.805
8	240.5	0.233	0.218	0.015	2.112
9	270.2	0.221	0.201	0.020	2.622
10	300.3	0.207	0.181	0.026	3.234

续表

序号	进水流量 Q /(m³/h)	进口压强 p_1 /MPa	出口压强 p_2 /MPa	压差 $\Delta p = p_1 - p_2$ /MPa	水头损失 $h_w = 0.581 + 102.041\Delta p$ /m
11	329.6	0.191	0.159	0.032	3.846
12	360.4	0.172	0.132	0.040	4.663
13	390.2	0.151	0.103	0.048	5.479
14	420.8	0.126	0.069	0.057	6.397
15	450.6	0.096	0.029	0.067	7.418

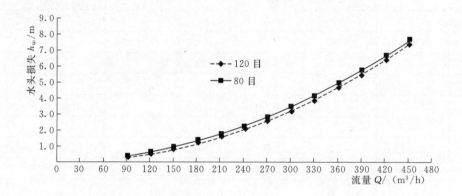

图 2.16　80 目和 120 目滤网鱼雷网式过滤器出水口在 0.52m 位置的清水水头损失变化曲线

通过室内试验数据分析，建立水头损失和流量之间的拟合经验公式，并从表 2.18 易知，水头损失拟合经验公式的相关系数 R^2 均大于 0.98，拟合度较高。80 目和 120 目鱼雷网式过滤器的流量指数都在 2 左右，水头损失系数很小，各水力因素指标都呈现物理模型试验可靠度较高。

表 2.18　　80 目和 120 目滤网鱼雷网式过滤器出水口在 0.52m 位置的水头损失公式拟合结果

序号	滤网目数	公式拟合结果
1	80 目	$h_w = 0.00007Q^{1.8900}, R^2 = 0.9987$
2	120 目	$h_w = 0.00003Q^{2.0409}, R^2 = 0.9981$

2）出水口在 0.72m 试验结果。鱼雷网式过滤器出水口位置在 0.72m 的边界条件下，由水头损失统计表 2.19、表 2.20 和水头损失变化曲线图 2.17 易知，鱼雷滤网水头损失随进水流量的增加而逐渐增大，进水流量在 30～180m³/h 范围内，水头损失变化幅度较小，但进水流量超过 180m³/h 后，水头损失随流量的变化较突出，即以较大的增加梯度发展；也可看出 80 目鱼雷滤网的水头损失变化梯度比 120 目的明显大。

表 2.19　　80 目滤网鱼雷网式过滤器出水口在 0.72m 位置的清水水头损失统计表

序号	进水流量 Q /(m³/h)	进口压强 p_1 /MPa	出口压强 p_2 /MPa	压差 $\Delta p = p_1 - p_2$ /MPa	水头损失 $h_w = 0.581 + 102.041\Delta p$ /m
1	30.0	0.274	0.279	−0.005	0.171
2	60.6	0.269	0.273	−0.004	0.273
3	91.0	0.265	0.267	−0.002	0.477
4	120.4	0.259	0.260	−0.001	0.579
5	149.9	0.255	0.253	0.002	0.885
6	180.9	0.250	0.245	0.005	1.191
7	210.5	0.243	0.233	0.010	1.701
8	240.7	0.233	0.219	0.014	2.110
9	270.9	0.221	0.202	0.019	2.620
10	301.0	0.207	0.182	0.025	3.232
11	330.0	0.192	0.161	0.031	3.844
12	361.0	0.174	0.136	0.038	4.559
13	391.3	0.153	0.107	0.046	5.375
14	420.7	0.129	0.075	0.054	6.191
15	449.7	0.102	0.039	0.063	7.110

　　当过滤器系统以 300m³/h 的流量运行并测试水头损失变化规律时，测得 80 目和 120 目鱼雷滤网相对应的水头损失分别为 3.232m 和 3.030m，并减去滤网在出水口位置 0.72m 边界条件下的水头损失 1.295m 和 1.397m，可得出鱼雷部件所造成的水头损失值分别为 1.937m 和 1.633m，相比出水口位置 0.52m 时的鱼雷水头损失 2.447m 和 1.939m，其差值为 0.510m 和 0.306m，不难看出出水口位置沿滤网轴向向尾部移动将会呈现鱼雷部件引起的水头损失逐步减小现象。

表 2.20　　120 目滤网鱼雷网式过滤器出水口在 0.72m 位置的清水水头损失统计表

序号	进水流量 Q /(m³/h)	进口压强 p_1 /MPa	出口压强 p_2 /MPa	压差 $\Delta p = p_1 - p_2$ /MPa	水头损失 $h_w = 0.581 + 102.041\Delta p$ /m
1	30.4	0.274	0.279	−0.005	0.071
2	60.8	0.270	0.274	−0.004	0.173
3	91.1	0.265	0.268	−0.003	0.275
4	120.4	0.259	0.260	−0.001	0.479
5	150.0	0.255	0.253	0.002	0.785
6	180.8	0.250	0.245	0.005	1.091
7	210.6	0.242	0.233	0.009	1.499

序号	进水流量 Q /(m³/h)	进口压强 p_1 /MPa	出口压强 p_2 /MPa	压差 $\Delta p = p_1 - p_2$ /MPa	水头损失 $h_w = 0.581 + 102.041\Delta p$ /m
8	238.5	0.233	0.220	0.013	1.908
9	270.6	0.220	0.201	0.019	2.520
10	300.3	0.206	0.182	0.024	3.030
11	330.1	0.188	0.158	0.030	3.642
12	359.6	0.171	0.134	0.037	4.357
13	390.8	0.149	0.104	0.045	5.173
14	421.0	0.124	0.071	0.053	5.989
15	451.8	0.092	0.030	0.062	6.908

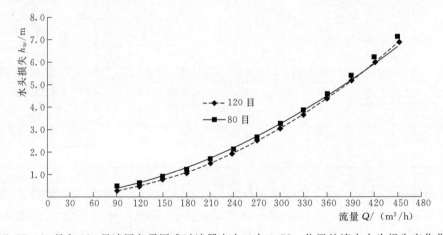

图 2.17　80 目和 120 目滤网鱼雷网式过滤器出水口在 0.72m 位置的清水水头损失变化曲线

基于出水口位置在 0.72m 时的清水物理模型试验数据，得出的鱼雷网式过滤器水头损失经验公式拟合结果（表 2.21）可知，水头损失拟合经验公式相关系数 R^2 都大于 0.99，拟合度很高；与此同时，80 目和 120 目鱼雷滤网水头损失经验公式流量指数都在 2 左右，且水头损失系数也很小，这些都说明物理模型试验数据准确度很高。

表 2.21　80 目和 120 目滤网鱼雷网式过滤器出水口在 0.72m 位置的水头损失公式拟合结果

序号	滤网目数	公式拟合结果
1	80 目	$h_w = 0.00012Q^{1.7825}, R^2 = 0.9921$
2	120 目	$h_w = 0.00003Q^{2.0073}, R^2 = 0.9998$

3）出水口在 0.92m 试验结果。鱼雷网式过滤器出水口位置在 0.92m 的边界条件下，由水头损失统计表 2.22、表 2.23 和水头损失变化曲线图 2.18 易知，鱼雷滤网水头损失随进水流量的增加而逐步增大，但其增加梯度比出水口位置在 0.52m 和 0.72m 情形较小；进水流量在 $30\sim120\text{m}^3/\text{h}$ 范围内，水头损失随流量增加的幅度不太大，过流量开始超过 $120\text{m}^3/\text{h}$ 后，水头损失随流量以较大的幅度逐渐增大；当进水流量稳步加大并达到设计流量 $300\text{m}^3/\text{h}$ 时，80 目和 120 目鱼雷滤网相应的水头损失分别为 2.826m 和 3.030m，减去

在同一个出水口 0.92m 位置下的滤网水头损失 1.193m 和 1.295m，可得到鱼雷部件所造成的水头损失值分别为 1.633m 和 1.735m，相比出水口在 0.52m 和 0.72m 位置的鱼雷部件本身所造成的水头损失 2.447m 和 1.939m 及 1.937m 和 1.633m，其差值绝对值分别为 0.814m、0.204m 和 0.304m、0.102m；由这些数据易知，水头损失差值绝对值在 1.000m 以内，鱼雷部件所造成的水头损失最大不超过 2.5m；鱼雷部件本身所引起的净水头损失沿过滤器壳体轴向改变出水口位置，不管 80 目滤网和 120 目滤网，大体上都呈现水头损失逐渐减小的趋势，这是因为沿着滤网轴向流速逐渐减小的同时水流和滤网内侧表面间的摩擦力也逐渐减小了。

表 2.22 　80 目滤网鱼雷网式过滤器出水口在 0.92m 位置的清水水头损失统计表

序号	进水流量 Q /(m³/h)	进口压强 p_1 /MPa	出口压强 p_2 /MPa	压差 $\Delta p = p_1 - p_2$ /MPa	水头损失 $h_w = 0.581 + 102.041\Delta p$ /m
1	30.6	0.272	0.277	-0.005	0.071
2	60.5	0.268	0.272	-0.004	0.173
3	90.7	0.263	0.265	-0.002	0.377
4	120.6	0.257	0.258	-0.001	0.479
5	149.9	0.253	0.251	0.002	0.785
6	180.2	0.248	0.243	0.005	1.091
7	210.3	0.238	0.228	0.010	1.601
8	240.8	0.230	0.218	0.012	1.805
9	269.5	0.218	0.202	0.016	2.214
10	299.5	0.205	0.183	0.022	2.826
11	331.2	0.188	0.160	0.028	3.438
12	360.0	0.169	0.135	0.034	4.050
13	391.4	0.146	0.105	0.041	4.765
14	420.6	0.121	0.073	0.048	5.479
15	452.0	0.090	0.033	0.057	6.397

表 2.23 　120 目滤网鱼雷网式过滤器出水口在 0.92m 位置的清水水头损失统计表

序号	进水流量 Q /(m³/h)	进口压强 p_1 /MPa	出口压强 p_2 /MPa	压差 $\Delta p = p_1 - p_2$ /MPa	水头损失 $h_w = 0.581 + 102.041\Delta p$ /m
1	30.5	0.274	0.279	-0.005	0.071
2	60.0	0.270	0.274	-0.004	0.173
3	90.4	0.265	0.268	-0.003	0.275
4	120.3	0.259	0.260	-0.001	0.479
5	150.6	0.255	0.253	0.002	0.785

续表

序号	进水流量 Q /(m³/h)	进口压强 p_1 /MPa	出口压强 p_2 /MPa	压差 $\Delta p = p_1 - p_2$ /MPa	水头损失 $h_w = 0.581 + 102.041\Delta p$ /m
6	180.1	0.250	0.245	0.005	1.091
7	211.0	0.240	0.229	0.011	1.703
8	239.2	0.232	0.220	0.012	1.805
9	270.1	0.220	0.202	0.018	2.418
10	300.2	0.206	0.182	0.024	3.030
11	331.0	0.189	0.160	0.029	3.540
12	360.7	0.170	0.134	0.036	4.254
13	390.9	0.148	0.106	0.042	4.867
14	420.4	0.123	0.073	0.050	5.683
15	449.4	0.093	0.035	0.058	6.499

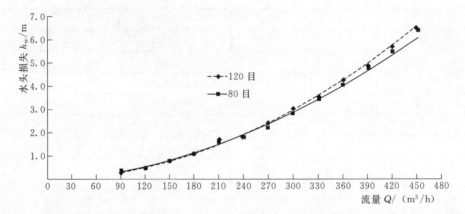

图 2.18　80 目和 120 目滤网鱼雷网式过滤器出水口在 0.92m 位置的清水水头损失变化曲线

由鱼雷滤网水头损失公式拟合结果表 2.24 易知，水头损失拟合经验公式相关系数 R^2 都大于 0.99，拟合度很高。除此之外，80 目和 120 目鱼雷网式过滤器水头损失经验公式流量指数都接近于 2，水头损失系数均为很小，如前面所论述，实验条件、试验设计及步骤都满足规范要求，故所得试验数据具有很高的可靠度。

表 2.24　80 目和 120 目滤网鱼雷网式过滤器出水口在 0.92m 位置的水头损失公式拟合结果

序号	滤网目数	公式拟合结果
1	80 目	$h_w = 0.00008Q^{1.8284}$，$R^2 = 0.9942$
2	120 目	$h_w = 0.00004Q^{1.9596}$，$R^2 = 0.9979$

2.3.2.3　鱼雷网式过滤器不同出水口位置、不同目数的水头损失对比

80 目、120 目鱼雷网式过滤器不同出水口位置的水头损失对比见图 2.19。

图 2.19 表示鱼雷网式过滤器在清水条件下，流量为 300m³/h（设计流量）时，不同出水口位置，过滤器各部件在不同目数（80 目、120 目）产生的水头损失对比，从图中可

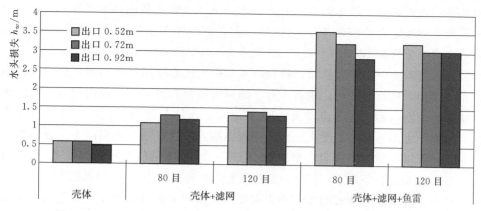

图 2.19 80 目、120 目鱼雷网式过滤器不同出水口位置的水头损失对比

以看出：

（1）对于壳体，出水口在 0.92m 时产生的水头损失较小。

（2）当加入滤网后水头损失增加，出水口位置在 0.72m 时产生的水头损失较大，但相差不是很明显；另外还得出滤网目数为 120 时产生的水头损失大于 80 目；这也符合一般网式过滤器水头损失变化规律。

（3）当加入鱼雷部件后水头损失大幅增加，出口 0.52m 的水头损失最大；另外从图中得出滤网目数为 80 目的水头损失大于 120 目。这是由于加入鱼雷部件后，鱼雷占有了滤网内侧很大的空间，使得过水断面缩小，水流进入罐体后滤网内侧流速迅速增大，且 120 目滤网的粗糙度小于 80 目滤网，因此，在所有条件相同的条件下，120 目滤网产生的水头损失小于 80 目的滤网。

从以上分析可以得出，在清水条件下，鱼雷网式过滤器出水口位置 0.92m 时产生的水头损失最小；但是这还不能作为确定最佳出水口位置的依据，因为在实际应用中过滤器是在含有泥沙的浑水条件下工作；这时不仅要考虑水头损失，而且还要考虑过滤器过滤时间（正常工作时间）。浑水条件下的试验将在下一章进行。

2.4 本章小结

在清水条件下，对鱼雷网式过滤器壳体设置 3 个不同位置的出水口，即离进水口距离分别为 0.52m、0.72m 及 0.92m，在不同进水流量下进行水头损失试验。通过分别测试壳体和滤网的水头损失就可准确测出滤网和鱼雷部件产生的净水头损失。得到主要结论如下：

（1）在同一出水口位置时，过滤器壳体的水头损失随进水流量的增大而增大，没有水头损失剧变现象；设计进水流量为 300m³/h，出水口设置在 3 种不同位置时过滤器壳体的水头损失分别为 0.581m、0.581m 及 0.479m。

（2）在相同出水口位置、相同进水流量条件下，过滤精度 120 目的滤网的水头损失大于 80 目的水头损失；在各出水口位置时，进水流量在 30～90m³/h 范围内变化时，80 目和 120 目滤网水头损失随进水流量变化没有发生变化；超过 90m³/h 后，水头损失随进水流量变化缓慢增大，进水量达到 240m³/h 后就进入水头损失较高梯度的发展阶段。当进水流量继续增加到额定设计流量 300m³/h 时，在 3 个不同出水口位置情形下，80 目和 120 目滤网水头损失分别为 1.091m、1.295m 及 1.193m 和 1.295m、1.397m 及 1.295m。

（3）当过滤器滤网内装入鱼雷部件后，水头损失随着滤网目数的增加而呈现减小的态势，这是由于加入鱼雷部件后，鱼雷占有了滤网内侧很大的空间，使得过水断面缩小，水流进入罐体后滤网内侧流速迅速增大，Re 数增大。流体与滤网壁面的层流内层的厚度逐渐减薄，壁面凸出部分伸入湍流主体区，与流体质点发生碰撞，从而增加了流体的能量损失。这时流动可以看做是完全湍流粗糙管，由于 120 目滤网的粗糙度小于 80 目滤网，因此，在所有条件相同的条件下，120 目滤网产生的水头损失小于 80 目的滤网。

（4）鱼雷部件本身所造成的水头损失随滤网规格和出水口位置不同而不同；这主要是与滤网技术规格和不同出水边界条件下过滤器系统里面形成的湍流有着密切的关系。无论是 80 目或 120 目滤网，鱼雷部件本身所造成的水头损失都体现出沿滤网轴向移动出水口位置逐渐减小的趋势；鱼雷部件造成的最大水头损失不超过 2.5m。虽然鱼雷部件引起较大的水头损失，但是过滤器壳体、滤网及鱼雷结构的合理设计，使得设计过滤量 300m³/h 的鱼雷网式过滤器总的清水水头损失明显小于微灌工程中常用的额定设计过滤量为 220m³/h 的自清洗过滤器水头损失。

由滤网清水水头损失经验公式拟合表可知，无论是出水口位置选择在何处，80 目和 120 目滤网水头损失随进水流量变化的相关系数 R^2 均大于 0.97，而且流量指数均在 2 左右，水头损失系数也很小，从这些水力特性指标看出，书中所研究的鱼雷网式过滤器的结构设计合理、试验条件及步骤都满足水力学试验规范，并可得出结论，所获得的试验数据可信度非常高。

第3章　鱼雷网式过滤器的浑水物理模型试验

3.1　概述

在实际微灌水源中存在各种有机和无机杂质，有效滤除这些杂质对微灌系统的正常运行和发挥经济效益具有极其重要的意义。到目前为止，世界上不少国家的微灌设备生产厂家制造的网式过滤器使用的滤网规格有所不同，一般在微灌系统中常用滤网规格为80目、100目及120目。虽然微灌系统中滤网过滤精度往往以滤网目数来描述，但是滤网目数不是决定网孔尺寸的唯一依据，故标准规定筛网规格需由网孔基本尺寸与网丝直径共同表示。因为滤网有效过滤面积取决于网孔基本尺寸和丝径大小，而且采用不同丝径所制成的同一个目数的滤网产生的水头损失不一样，也就是说以0.2127mm丝径编织的80目滤网与以0.09mm和0.12mm丝径编织的80目滤网的孔径不一样，在同样过流量条件下，当水流穿过滤网时所受到的阻力不一样，不仅水头损失不一样，而且过滤效果也不一样，所以微灌系统中滤网孔径大小根据灌溉水源中污物性质和灌水器流道直径来选择。为了防止灌水器的堵塞，依据国内外资料和实践经验，滤网孔径一般为灌水器流道直径的$1/10\sim1/7$，《微灌工程技术规范》（GB/T 50458—2009）规定过滤器应能过滤掉大于灌水器流道尺寸$1/10\sim1/7$粒径的杂质。本书试验研究的鱼雷网式过滤器所选用的滤网元件由316L不锈钢制成，其规格和编织方式见表3.1及如图3.1所示。

表 3.1　　　　　　　　　　　　　　鱼雷网式过滤器滤网规格表

序号	目数/(目/英寸)	孔径/mm	丝径/mm	有效过滤面积系数
1	80	0.2127	0.1162	0.33
2	120	0.1210	0.0907	0.26

在确定过滤器滤网规格之前，必须对灌溉水源水质和微灌系统灌水器的流道尺寸及流量、所选用的毛管一次性滴灌带或长期使用的滴灌管等参数进行充分分析研究，保证过滤系统的使用寿命和过滤效率。根据对新疆南疆和田地区农14师224团皮墨垦区、一牧场及皮山农场、喀什麦盖提县、巴州轮台县及尉犁县等环塔里木盆地大田棉花和果树滴灌工程进行的调研和几年的实践经验可知，所选用灌水器是低压高流量，而且一次性滴灌带用量占据比例较大。以环塔里木盆地高效节水项目区常用几种滴灌带和滴灌管滴头为例，常用灌水器孔径为$0.25\sim2.5$mm，故选用滤网孔径为$0.09\sim0.212$mm的过滤器可满足过滤要求。滤网孔径太大容易引起灌水器堵塞，太小导致滤网容易堵塞，水头损失变大，过滤器频繁反冲洗，结果影响农作物的正常灌水。目前常用滤网规格为80目、100目及120目，根据实际应用情况来看，在环塔里木盆地灌区常用滤网孔径过滤精度为80目和120目的网式过滤器。

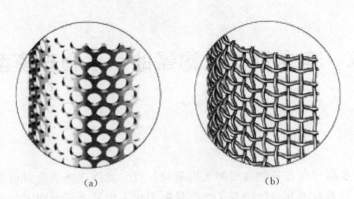

（a）　　　　　　　　　　　（b）

图 3.1　鱼雷网式过滤器滤网外围保护层打孔及滤网编织图
（a）滤网外围保护层；（b）滤网编织

本章针对水源为浑水条件下，3 种不同出水口位置（离进水口至出水口中心线分别为 0.52m、0.72m 及 0.92m）的鱼雷网式过滤器，分别选用 80 目（网孔直径 0.2127mm）和 120 目（网孔直径 0.1210mm）滤网进行试验研究，以确定过滤器水头损失变化、过滤效率、最佳预设压差和最佳排污时间等特性，为实际微灌用鱼雷网式过滤器的正常运行提供参考依据。

3.2　鱼雷网式过滤器的浑水试验概况

3.2.1　试验装置

在清水试验装置的基础上，为保证浑水试验过程中进水含沙量的均匀性，在蓄水池内装有直径为 1.5m、高为 1.0m 的圆柱形搅拌池一套，此外，为准确检测浑水浊度和泥沙颗粒分布而使用了浊度仪和激光粒度分析仪等仪器设备，如图 3.2 所示。

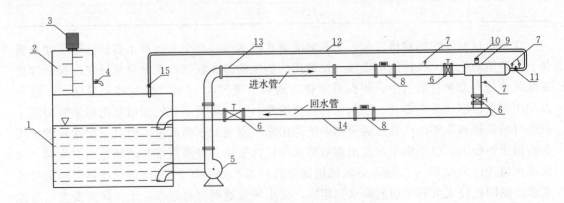

图 3.2　鱼雷网式过滤器试验装置示意图

1—蓄水池；2—搅拌池；3—搅拌电机；4—球阀；5—离心泵；6—蝶阀；7—压力表；8—流量计；9—测试过滤器；10—冲洗控制器；11—排污阀；12—排污管；13—进水管；14—回水管；15—排污管球阀

3.2.2 试验方法与步骤

在清水条件下所得到的水头损失随流量的变化关系为确定浑水水头损失提供初始值。浑水试验由于过滤过程中滤网发生堵塞，积聚在其内侧表面的泥沙颗粒不断增多，对应滤网水头损失不断增大，所以浑水试验按定流量和定含沙量两种情况下进行。

定流量试验是指保持流量不变条件下，测取不同进水含沙量所对应水头损失随时间变化的关系，由于本试验用鱼雷网式过滤器额定设计流量为300m³/h，着眼于实际应用情况一致，所以本次定流量试验流量确定为300m³/h。

定含沙量试验为保持进水含沙量基本相同条件下，测取不同进水流量对应水头损失随时间的变化关系。此试验用浑水含沙量是根据对新疆生产建设兵团第14师皮墨垦区224团和一牧场、喀什地区麦盖提县、巴州轮台县及尉犁县等环塔里木盆地微灌项目地进行实地调研而确定的，该区域非洪水季节灌溉水含沙量一般均小于1.0g/L。在过滤器目数一定的情况下，过滤时间（即滤网的堵塞时间）长短取决于水中泥沙的粒径级配和含沙量；本书为了选定合适的粒径级配和含沙量进行了大量的试验，从低含沙量到高含沙量及不同级配泥沙颗粒组合；在低含沙量或粒径级配较细条件下过滤时间很长（6～8h），滤网不易堵塞；但是对于鱼雷网式过滤器在各种含沙量条件下，水头损失变化曲线的趋势基本一致；另外在实验室条件下很难稳定地控制进水含沙量。因此，在不影响研究结果的前提下，为了缩短试验时间最终确定见表3.2的不同进水含沙量。水中的泥沙粒径级配如图3.3所示。

表 3.2　　　　　　　　　鱼雷网式过滤器浑水试验组次安排

滤网目数/目	定流量试验		定含沙量试验	
	流量 $Q/(m^3/h)$	含沙量 $S/(g/L)$	流量 $Q/(m^3/h)$	含沙量 $S/(g/L)$
80	300	0.1214	240	0.1420
		0.1420	270	
		0.1803	300	
		0.2755	330	
		0.3581	360	
		0.3935		
120	300	0.0874	240	0.1211
		0.1211	270	
		0.1311	300	
		0.1512	330	
		0.1658	360	
		0.1934		

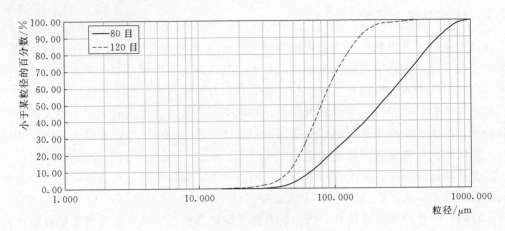

图 3.3　泥沙粒径级配图

3.3　鱼雷网式过滤器的浑水运行特性研究

3.3.1　浑水水头损失理论计算

由清水试验易知，水头损失随进水流量的增加而稳步增加，但是进水流量保持不变时，过滤器局部水头损失随时间变化保持不变。当试验水源为浑水时，水头损失的变化规律与清水条件有显著差别。因浑水水源中各种杂质的存在，随过滤时间的延续滤网逐渐被堵塞，而且随堵塞程度的增加水头损失呈现较明显的变化。鱼雷网式过滤器的堵塞过程与自清洗网式过滤器的有所不同，鱼雷网式过滤器的堵塞由滤网尾部向进水口方向发展，在过滤的初始阶段，滤网堵塞程度较轻，起始过滤阻力较小，滤网内外压差变化不明显，水头损失增长比较缓慢；持续过滤一段时间后，浑水中的泥沙颗粒逐渐积聚在滤网内侧表面，滤网有效过滤面积不断减小，水流穿过滤层表面阻力增大，同时流速也增大，尤其是当滤网堵到出水口附近时滤网内外压差变化迅速上升，导致水头损失急剧增大。

从以上阐释可知浑水条件下，鱼雷网式过滤器水头损失 h_w 主要与清水水头损失值 h_0、过滤器进水口管道过水断面平均流速 v、过滤时间及进水含沙量有密切的关系；一般浑水水头损失由以下经验公式表达：

$$h_w = h_0 + av\frac{S}{\rho}t^b \tag{3.1}$$

式中：h_w 为浑水水头损失，m；h_0 为清水水头损失，m；v 为进水口管道过水断面平均流速，m/s；S 为过滤器进水口含沙量，g/L；t 为过滤时间，min；ρ 为液体密度，g/cm³；a、b 为常数。

若已知常数 a 和 b，在已知进水含沙量 S、过滤流量 Q 以及清水水头损失 h_0 等条件下，由式（3.1）便可求出浑水水头损失 h_w 随过滤时间 t 的变化关系：a 和 b 值越小，h_w 值越小，滤网堵塞程度越轻，水头损失随过滤时间变化越缓慢；尤其是当 b 趋于零时，就意味着滤网内侧表面上没有泥沙颗粒积聚和堵塞滤网，水头损失变化规律相当于清水条件下运行。

为了充分分析浑水水头损失与含沙量和过滤时间关系，对式（3.1）两边同时取对数并简化后得：

$$\ln(h_w - h_0) - \ln\left(v\frac{S}{\rho}\right) = b\ln t + \ln a \tag{3.2}$$

3.3.2　定含沙量条件下不同流量的水头损失变化分析

在实际大田微灌工程中一般过滤器前设置沉淀池，大部分较大泥沙颗粒沉积在沉淀池中，于是减轻过滤器的过滤负担。因此，网式过滤器过滤时间延长到几小时至几十小时，在试验过程中为了缩短试验时间，调配较大进水含沙量来进行试验分析水头损失随定含沙量和不同进水流量条下的变化规律。

首先，试验开始之前对鱼雷网式过滤器反冲洗控制器预设一个较大压差值 $\Delta p = 0.10\text{MPa}$，然后对 80 目和 120 目鱼雷网式过滤器分别选用稳定进水含沙量 0.1420g/L 和 0.1211g/L，并采用 5 个不同进水流量 Q，即 240m³/h、270m³/h、300m³/h、330m³/h 及 360m³/h，测出不同过滤时间 t 的水头损失变化情况。本书 80 目和 120 目滤网的浑水试验所选用的含沙量不一样，虽然采用同样技术规格的鱼雷部件，但此两种滤网规格和颗粒级配差别较大，故过滤时间差别明显大；也就是说 80 目鱼雷滤网的试验含沙量 0.1420g/L 来测试 120 目滤网的过滤时间，结果过滤时间很短，无法准确判定在不同进水流量条件下对应过滤时间差别，故采用如上面所提到的两种不同含沙量和离进水口 0.52m、0.72m 及 0.92m 不同出水口边界条件下对 80 目和 120 目鱼雷滤网进行了水头损失随过滤时间的变化试验，并得出其在一定含沙量和不同流量条件下的水头损失随过滤时间的变化规律。

3.3.2.1　出水口在 0.52m 位置（80 目）

出水口离过滤系统进水口在 0.52m 位置的条件下，试验结果如表 3.3 所示，从水头损失随过滤时间变化曲线图易看出，80 目鱼雷网式过滤器出水口位置在 0.52m、含沙量保持不变 0.1420/L 和进水流量分别为 240m³/h、270m³/h、300m³/h、330m³/h 及 360m³/h 条件下，过滤时间随进水流量的变化可分为两种完全不同的态势，其一是进水流量从 240m³/h 稳步增加到 300m³/h 过程中，过滤时间随水流量的增大而延长，达到相同水头损失 $h_w = 10\text{m}$ 时，进水流量为 240m³/h、270m³/h、300m³/h 所对应的过滤时间依次为 $t = 10.63\text{min}$、26.48min 及 38.15min；这主要是因为水流进入带有鱼雷部件的滤网内后，沿滤网轴向的流速随进水流量的增大而增大，于是大部分泥沙颗粒被高速水流带到过滤系统尾部（低流速区域），即鱼雷滤网末端，如前面所论述，鱼雷部件末端预设有 8 个直径为 20mm 的积聚泥沙颗粒（杂物）的孔口，含有泥沙颗粒和其他杂物的水流经这些孔口进入鱼雷部件内腔；因为鱼雷部件内腔容积较大，进入其内部的浑水流速开始降低，粗颗粒和杂物沉淀在其内，相对清的水从鱼雷部件头部预设的直径为 10mm 的孔口流出，此种水流循环随过滤时间的推移继续进行，结果鱼雷滤网含有较大含沙量水源的过滤运行中将不会容易堵塞。

表 3.3 　　　　　 80 目鱼雷网式过滤器进口流速、鱼雷滤网始端流速及过滤时间
（出水口在 0.52m 位置）

序号	滤网目数 /目	进水流量 Q /(m³/h)	进口流速 $v_{进}$ /(m/s)	鱼雷滤网流速 $v_{始}$ /(m/s)	过滤时间 t / min
1		240	2.12	5.22	10.63
2		270	2.39	5.87	26.48
3	80	300	2.66	6.53	38.15
4		330	2.92	7.17	22.23
5		360	3.18	7.82	20.25

注　流速 $v_{进}$、$v_{始}$，根据流量和过水断面面积算出。

由表 3.3 可知，当进水流量小于额定设计流量 300m³/h 时，进水流量越小，鱼雷滤网内流速也越小，泥沙颗粒将会滞留在滤网内侧表面的可能性较大，进入鱼雷部件内腔并大于滤网孔径的泥沙颗粒的可能性就较小，结果直径大于滤网孔径的部分大颗粒黏附在滤网内侧表面，且滤网容易堵塞，因此鱼雷滤网过滤时间较短。其二是进水流量从 300m³/h 稳步增加到 360m³/h 过程中，过滤时间随进水流量的增大而逐渐缩短，达到相同水头损失 $h_w = 10$ m 时，进水流量为 300m³/h、330m³/h 及 360m³/h 所对应的过滤时间依次为 $t=$ 38.15min、22.23min 及 20.25min。

虽然水流进入装有鱼雷的滤网内后流速相对于进水口流速迅猛增加，如前面所提到的道理，大部分含沙量随高速水流带到预设孔口的鱼雷末端低流速区域，粒径大于滤网孔径的粗颗粒进入鱼雷部件内腔，但是进水流量超过 300m³/h 时，在过滤器壳体尺寸、滤网和鱼雷部件尺寸及鱼雷末端预设的 8 个孔和头部的 4 个孔的尺寸不变的前提下，单位时间内随高速水流带到鱼雷末端的含沙量较多，一方面大部分粗泥沙颗粒进入鱼雷内，另一方面多余的粗泥沙颗粒随着过滤时间的推移由滤网末端向进水口方向开始滞留在滤网内侧表面，结果形成往进水口方向发展的滤网堵塞趋势，如图 3.4 所示。故进水流量在此流量范围内逐步增大，过滤时间与其相反逐渐减小。

在图 3.5 中易看出，进水流量小于额定设计流量 300m³/h 前提下，浑水水头损失随进水流量的增大而增大，并且流量越大，水头损失曲线发生急剧变化拐点所需时间越长；然而，水头损失随过滤时间的变化不是连续增长趋势；其具体发展过程经历 3 个不同的变化阶段：①初始水头损失恒定不变过滤过

图 3.4　80 目和 120 目鱼雷网式
过滤器滤网堵塞趋势

程；②逐渐减小过滤过程；③逐步增大并随后急剧上升的过滤过程。这是因为水头损失变化与滤网轴向长度 l 和滤网粗糙度 Δ 有着密切的关系，而且如前面所描述，鱼雷滤网的堵塞从其末端向进水口方向发展，过滤刚开始一段时间内滤网有效过滤长度几乎是与清水时的一样，所以浑水水头损失与清水水头损失基本一致，其变化幅度不明显，但随着过滤时间的推移滤网堵塞面积越来越大，即沿滤网轴向的有效过滤长度逐渐减小，与此同时滤网粗糙度的影响逐步减小，则滤网阻力减小，结果呈现水头损失逐渐减小的态势。滤网堵塞发展到出水口附近时，有效过滤面积以较大梯度的减小，水头损失也逐步增加，尤其是出水口处的滤网开始堵塞时水头损失的增加显著，而且很短的时间内达到预设压差 Δp $=0.10\text{MPa}$。

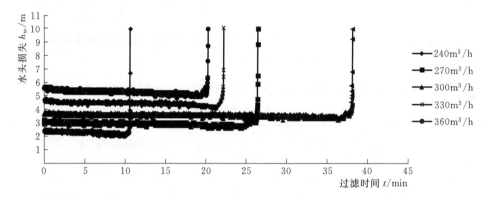

图 3.5　80 目鱼雷网式过滤器含沙量 0.1420g/L 不同流量情况下的水头损失变化曲线
（出水口在 0.52m 位置）

由图 3.5 可以看出，当过滤系统的进水流量从额定设计流量 $300\text{m}^3/\text{h}$ 逐渐增加至 $360\text{m}^3/\text{h}$ 时，水头损失随过滤时间的变化规律与前面所叙述的情况有所不同；共同特点是水头损失随进水流量的增大而增大，在此流量范围内与前者一样整个浑水水头损失的具体发展过程都经历 3 个不同的变化阶段；其不同之处在于进水流量越大，水头损失曲线发生急剧变化转折所需时间越短。这主要是因为在相同含沙量前提下，单位流量的含沙量越大，滤网堵塞越快。

3.3.2.2　出水口在 0.72m 位置（80 目）

鱼雷网式过滤器出水口设置在离进水口 0.72m 的位置并进水流量在 $240\sim300\text{m}^3/\text{h}$ 范围内变化的前提下，由图 3.6 易看出，水头损失随流量和过滤时间的变化及过滤时间随进水流量的变化规律都与出水口位置在 0.52m 时的情况一样；唯一不同之处在于相同流量的条件下达到预设压差 $\Delta p=0.10\text{MPa}$ 的过滤时间相比于出水口在 0.52m 时的小得多，这主要是因为出水口 0.72m 的位置相比于 0.52m 离鱼雷滤网末端低流速区域近一些，滤网堵塞在很短的时间内发展到出水口区域的滤网内侧表面，结果鱼雷网式过滤器的浑水水头损失曲线发生急剧变化所需时间非常短。由表 3.4 明显看出，滤网规格、进水流量、进口流速、鱼雷滤网始端流速及含沙量等条件同样情况下，只要出水口位置不同，即离鱼雷滤网末端的距离越小，滤网堵塞越快，结果浑水水头损失达到预设压差 $\Delta p=0.10\text{MPa}$ 的过滤时间就越短。

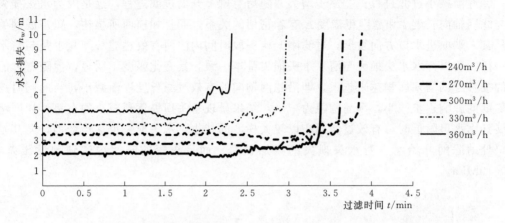

图 3.6   80 目鱼雷网式过滤器含沙量 0.1420g/L 不同流量情况下的水头损失
变化曲线（出水口在 0.72m 位置）

表 3.4   80 目鱼雷网式过滤器进口流速、鱼雷滤网始端流速及过滤时间
（出水口在 0.72m 位置）

序号	滤网目数 /目	进水流量 Q /(m³/h)	进口流速 $v_进$ /(m/s)	鱼雷滤网流速 $v_始$ /(m/s)	过滤时间 t /min
1	80	240	2.12	5.22	3.42
2		270	2.39	5.87	3.65
3		300	2.66	6.53	3.88
4		330	2.92	7.17	2.98
5		360	3.18	7.82	2.33

注   流速 $v_进$、$v_始$，根据流量和过水断面面积算出。

3.3.2.3   出水口在 0.92m 位置（80 目）

鱼雷网式过滤器除了出水口设置在离进水口 0.92m 位置边界条件外，其他试验条件
保持不变的情况下，其水力特性变化规律与前面所描写的两种不同出水口位置时的状况有
所不同。具体情况如图 3.7 所示。

由图 3.7 可以看出，浑水水头损失随进水流量的增大而继续增大，试验刚开始一段时
间水头损失基本保持不变，但随过滤时间的推移水头损失不断增大，当滤网堵塞发展到出
水口区域时，水头损失急剧上升以便很短的时间达到预设压差 $\Delta p = 0.10$MPa。从水头损
失随过滤时间变化曲线中发现进水流量分别为 300m³/h 和 330m³/h 时水头损失曲线出现
交叉现象，这也许是因为浑水搅拌不均匀，进水口流量调节有出入及流量调节时间长短等
人为因素的缘故。其余情况，见表 3.5，过滤时间随过滤流量的增大而减小，则过滤流量
越大浑水水头损失曲线发生急剧变化所需时间越短。

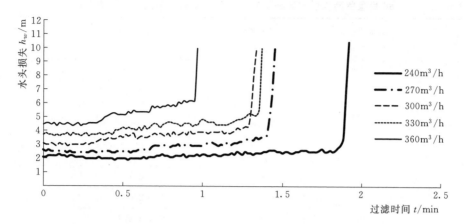

图 3.7　80 目鱼雷网式过滤器含沙量 0.1420g/L 不同流量情况下的水头损失
变化曲线（出水口在 0.92m 位置）

表 3.5　　　　　　　　　80 目鱼雷网式过滤器进口流速、鱼雷滤网始端流速及过滤时间

（出水口在 0.92m 位置）

序号	滤网目数 /目	进水流量 Q /（m³/h）	进口流速 $v_进$ /（m/s）	鱼雷滤网流速 $v_始$ /（m/s）	过滤时间 t /min
1		240	2.12	5.22	1.92
2		270	2.39	5.87	1.45
3	80	300	2.66	6.53	1.33
4		330	2.92	7.17	1.37
5		360	3.18	7.82	0.97

注　流速 $v_进$、$v_始$，根据流量和过水断面面积算出。

　　由表 3.6 所列出的水头损失试验数据可看出，80 目鱼雷网式过滤器的出水口位置沿轴向往下游移动，相同流量下的清水和浑水水头损失变化呈现逐渐减小的趋势。这主要是因为出水口位置离进水口越近，滤网内回流现象较激烈，同时出水口附近产生的湍流越强，因此而导致的能量消耗相对来说也大一些。从浑水水头损失表达式（3.1）解释，浑水水头损失初始值 h_w 应等于清水水头损失值 h。但室内试验数据显示有所差距，而且随进水流量的增大而逐渐增大；进水流量小于或等于额定设计流量 300m³/h 时，出水口位置分别在 0.52m、0.72m 及 0.92m 情况下，此差距相应为 0.1m、0～0.2m 及 0.3m 左右，出水口位置在 0.52m 时，此差距相对较小，尤其是在此试验进水流量范围内，随着进水流量的稳步减小，浑水水头损失初始值趋向于清水水头损值，并可将浑水水头损失初始值可看作为清水水头损失值；但是进水流量超过额定设计流量 300m³/h 时，浑水水头损失初始值与清水水头损失之间的差别较大，这是个不容忽视的客观事实。这是因为随进水流量的增大单位进水流量含沙量增大，在很短的过滤时间内就开始滤网堵塞，结果过滤初期就出现大于清水水头损失的浑水水头损失初始值。

表 3.6　　　　　**80 目鱼雷网式过滤器在不同出水口位置条件下的水头损失对照**

序号	出水口位置 l_i /m	进水流量 Q /(m³/h)	清水水头损失 h_0 /m	浑水水头损失初始值 h_w /m
1		240	2.314	2.416
2		270	2.926	3.028
3	0.52	300	3.538	3.640
4		330	4.150	4.763
5		360	5.069	5.579
6		240	2.110	2.110
7		270	2.620	2.824
8	0.72	300	3.232	3.334
9		330	3.844	4.048
10		360	4.559	4.967
11		240	1.805	2.110
12		270	2.214	2.518
13	0.92	300	2.826	3.130
14		330	3.438	3.742
15		360	4.050	4.457

3.3.2.4　滤网为 120 目情况

相对于 80 目鱼雷网式过滤器，除了滤网技术规格和进水含沙量不同外，在其余试验条件完全相同的边界条件下，由图 3.8～图 3.10 易知，120 目鱼雷网式过滤器出水口位置分别在 0.52m、0.72m 及 0.92m，进水含沙量保持不变（0.1211g/L）及进水流量为 240m³/h、270m³/h、300m³/h、330m³/h 及 360m³/h 的情况下，浑水水头损失随进水流量和过滤时间的变化及过滤时间随进水流量的变化规律与 80 目滤网的基本一样。这两种不同规格滤网过滤器在水力特性方面的区别在于以下两点：

（1）由表 3.3 和表 3.7 明显看出，出水口位置在 0.52m 的边界条件下，进水含沙量为 0.1420g/L 的 80 目鱼雷网式过滤器过滤时间大于进水含沙量为 0.1211g/L 的 120 目鱼雷网式过滤器。这是因为如表 3.1 所示前者滤网孔径远远大于后者。当出水口位置分别在 0.72m 和 0.92m 的情况下，由表 3.4、表 3.5、表 3.7 及表 3.9 可知，80 目鱼雷网式过滤器过滤时间小于 120 目鱼雷网式过滤器相同出水口位置时的过滤时间。这主要是因为后者进水含沙量和大于滤网孔径的泥沙粒径含量较小的缘故。

（2）由表 3.6 和表 3.10 可发现，出水口位置无论在何处，120 目鱼雷网式过滤器的水头损失均小于 80 目鱼雷网式过滤器，这是因为水流进入鱼雷滤网内后流速迅猛增大，见表 3.3～表 3.5 和表 3.7～表 3.9，这时滤网粗糙度对水头损失的大小起着极其关键的作用，即滤网粗糙度越大而产生的水头损失越大，与此同时，滤网粗糙度增量引起的水头损失值大于滤网孔径减量而引起的水头损失值；从表 3.1 滤网规格已看出，120 目滤网的粗糙度 Δ_{120} 小于 80 目滤网的粗糙度 Δ_{80}，故前者阻力较小并相应产生的水头损失也较小。

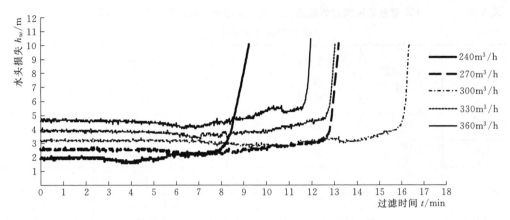

图 3.8 120 目鱼雷网式过滤器含沙量 0.1211g/L 不同流量情况下的水头损失
变化曲线（出水口在 0.52m 位置）

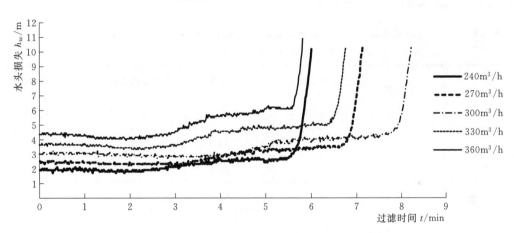

图 3.9 120 目鱼雷网式过滤器含沙量 0.1211g/L 不同流量情况下的水头损失
变化曲线（出水口在 0.72m 位置）

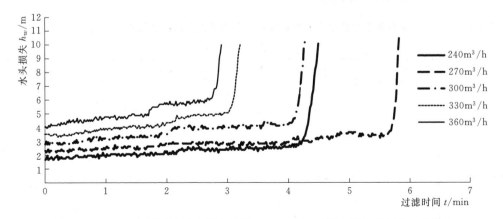

图 3.10 120 目鱼雷网式过滤器含沙量 0.1211g/L 不同流量情况下的水头损失
变化曲线（出水口在 0.92m 位置）

表 3.7　　　　　120 目鱼雷网式过滤器进口流速、鱼雷滤网端流速及过滤时间

（出水口在 0.52m 位置）

序号	滤网目数 /目	进水流量 Q /(m³/h)	进口流速 $v_进$ /(m/s)	鱼雷滤网流速 $v_始$ /(m/s)	过滤时间 t /min
1		240	2.12	5.22	9.25
2		270	2.39	5.87	13.20
3	120	300	2.66	6.53	16.35
4		330	2.92	7.17	13.02
5		360	3.18	7.82	11.93

注　流速 $v_进$、$v_始$，根据流量和过水断面面积算出。

表 3.8　　　　　120 目鱼雷网式过滤器进口流速、鱼雷滤网始端流速及过滤时间

（出水口在 0.72m 位置）

序号	滤网目数 /目	进水流量 Q /(m³/h)	进口流速 $v_进$ /(m/s)	鱼雷滤网流速 $v_始$ /(m/s)	过滤时间 t /min
1		240	2.12	5.22	6.00
2		270	2.39	5.87	7.13
3	120	300	2.66	6.53	8.22
4		330	2.92	7.17	6.77
5		360	3.18	7.82	5.82

注　流速 $v_进$、$v_始$，根据流量和过水断面面积算出。

表 3.9　　　　　120 目鱼雷网式过滤器进口流速、鱼雷滤网始端流速及过滤时间

（出水口在 0.92m 位置）

序号	滤网目数 /目	进水流量 Q /(m³/h)	进口流速 $v_进$ /(m/s)	鱼雷滤网流速 $v_始$ /(m/s)	过滤时间 t /min
1		240	2.12	5.22	4.48
2		270	2.39	5.87	3.47
3	120	300	2.66	6.53	4.27
4		330	2.92	7.17	3.22
5		360	3.18	7.82	2.9

注　流速 $v_进$、$v_始$，根据流量和过水断面面积算出。

表 3.10　　　　　120 目鱼雷网式过滤器在不同出水口位置下的水头损失对照

序号	出水口位置 l_i /m	进水流量 Q /(m³/h)	清水水头损失 h_0 /m	浑水水头损失初始值 h_w /m
1		240	2.112	1.905
2		270	2.622	2.620
3	0.52	300	3.234	3.232
4		330	3.846	3.946
5		360	4.663	4.661
6		240	1.908	1.905
7		270	2.520	2.518
8	0.72	300	3.030	3.028
9		330	3.642	3.640
10		360	4.357	4.354
11		240	1.805	1.803
12		270	2.418	2.518
13	0.92	300	3.030	3.028
14		330	3.540	3.538
15		360	4.254	4.252

3.3.2.5　鱼雷部件对过滤时间的影响分析

笔者认为有必要在这里以试验结果来再次阐释鱼雷部件对过滤时间的影响。从室内试验过程和以上试验数据分析中发现，滤网内装入鱼雷部件后，过滤器内水流流态发生很大的变化，与上面试验数据显示一样，其水头损失和过滤时间也相应发生较大的变化；由图 3.11 和图 3.12 易看出，若滤网内不装入鱼雷部件，水头损失和过滤时间随进水流量的变化规律将会呈现与微灌工程常用自清洗网式过滤器一样的发展趋势，则一定进水含沙量和不同进水流量的条件下，水头损失随进水流量的增大而继续增大；过滤时间随进水流量的逐渐增大而缩短。虽然滤网内装入鱼雷后水头损失增加，但是过滤时间相对延长，因为，如前论述，鱼雷部件增加水流沿滤网轴向的速度，将大部分颗粒带到预设孔口的鱼雷部件末端，因而粒径大于滤网孔径的泥沙进入鱼雷部件内腔，在很大程度上减小滤网堵塞的可能性，故鱼雷部件的存在对延长过滤时间方面起到关键作用。

以上所阐释的一定含沙量不同进水流量条件下进行的 80 目和 120 目鱼雷网式过滤器浑水试验水力特性结果表明，虽然出水口位置在 0.52m 的水头损失大于 0.72m 和

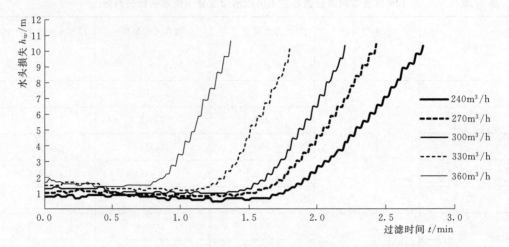

图 3.11　80 目鱼雷网式过滤器无鱼雷部件含沙量 0.1420g/L 不同流量情况下的水头
损失变化曲线（出水口在 0.52m 位置）

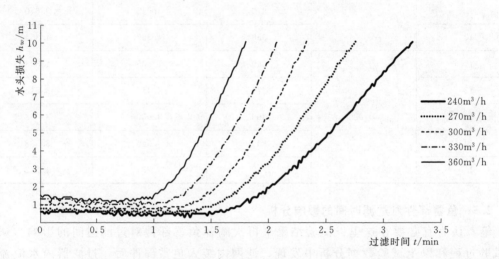

图 3.12　120 目鱼雷网式过滤器无鱼雷部件含沙量 0.1211g/L 不同流量情况下的水头
损失变化曲线（出水口在 0.52m 位置）

0.92m 的水头损失，但出水口位置在 0.52m 过滤时间远远大于 0.72m 和 0.92m 的过滤时间。本文研究的鱼雷网式过滤器的额定设计流量为 300m³/h，基于此进水流量对水头损失和过滤时间进行进一步分析，当 80 目鱼雷网式过滤器出水口位置分别在 0.52m、0.72m 及 0.92m 时，清水水头损失相应为 3.538m、3.232m 及 2.826m，出水口在 0.52m 时的水头损失值分别大于 0.72m 及 0.92m 时的 8.6％和 25.2％。当 120 目过滤器相同出水口位置时的清水水头损失分别为 3.234m、3.030m 及 3.030m，出水口在 0.52m 时的水头损失值分别大于 0.72m 及 0.92m 时的 6.7％。当 80 目过滤器出水口位置在 0.52m、0.72m 及 0.92m 时，过滤时间依次为 38.15min、3.88min 及 1.33min，出水口在 0.52m 时的过滤时间分别大于 0.72m 及 0.92m 时的 883.2％和 2768.4％。当

120目过滤器相同出水口位置时的过滤时间分别为16.35min、8.22min及4.27min,出水口在0.52m时的过滤时间分别大于0.72m及0.92m时的98.9%和282.9%。从这些统计数据可看出,80目和120目鱼雷网式过滤器出水口在0.52m的水头损失大于其余两个位置的水头损失,但与过滤时间相比,水头损失的增大幅度远远小于过滤时间的增大幅度,选择最佳出水口位置的问题上,在各出水口相互间水头损失差别不太大的情况下,基于节约灌溉水和避免频繁冲洗的原则,还是以过滤时间为重要参考指标来选择过滤器最佳出水口位置;从以上分析易知,就80目和120目鱼雷网式过滤器来说出水口在0.5m位置是最合理的出水口位置。

3.3.3 定流量不同进水含沙量条件下浑水水头损失变化规律分析

在一定流量不同进水含沙量浑水试验过程中,首先自动冲洗控制器预设一个较大的压差值$\Delta p = 0.1$MPa,并在稳定的额定设计流量$Q = 300$m³/h和各滤网过滤器调配不同的6个进水含沙量S情况下,出水口位置在0.52m时,分别对80目和120目鱼雷网式过滤器进行试验,并测出相应于不同过滤时间t的过滤器水头损失变化情况,进而确定出不同进水含沙量条件下的鱼雷网式过滤器的最佳冲洗排污预设压差值。

试验结果如图3.13和图3.14所示。由图3.13和图3.14易知,在进水流量为额定设计流量300m³/h和6个不同进水含沙量条件下,80目和120目鱼雷滤网的水头损失随过滤时间的变化趋势基本相同,与前面叙述的一定进水含沙量和不同进水流量时的情况基本相似,水头损失整个变化过程随过滤时间的推移经历3个不同阶段,初始水头损失保持不变、逐渐减小及稳步增长和急剧上阶段。80目和120目鱼雷滤网达到预设压差$\Delta p = 0.1$MPa的过滤时间随进水含沙量的增加而变短。

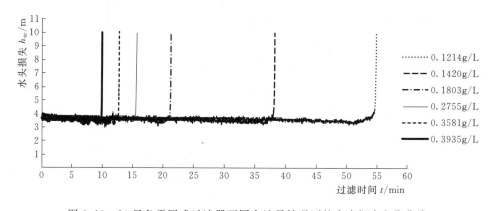

图3.13 80目鱼雷网式过滤器不同含沙量情况下的水头损失变化曲线

图3.13中发现,当进水含沙量在0.1213～0.3935g/L范围内变动时,80目鱼雷滤网过滤时间在9～55min之内;浑水水头损失$h_w = 4.0$m时出现拐点,之后急剧增加。

同样,从图3.14中易看出,当进水含沙量在0.0874～0.1934g/L范围内变动时,120目滤网过滤时间在7.0～17.0min之内,同样,浑水水头损失$h_w = 4.0$m时出现拐点,之后急剧增加;并且进水含沙量由小变大时,浑水水头损失出现拐点时间由长变短,这主要是因为进水口断面相同的条件下,在单位时间内含沙量较大的浑水带入滤网内的泥沙颗粒

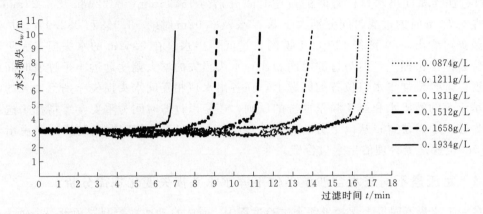

图 3.14　120 目鱼雷网式过滤器不同含沙量情况下的水头损失变化曲线

多，同时黏附在滤网内侧表面的泥沙颗粒比低含沙量时多，会在更短的时间内引起滤网堵塞，故浑水水头损失在很短的时间内变化较快。

由图 3.13 和图 3.14 明显看出，在相同进水流量 $300\text{m}^3/\text{h}$ 和改变 6 个不同进水含沙量条件下，80 目和 120 目鱼雷滤网的初始水头损失值分别为 3.640m 和 3.232m，此试验数据再一次充分体现 120 目鱼雷滤网的水头损失小于 80 目鱼雷滤网。这与清水和定含沙量及不同进水流量条件试验结果相同。值得一提的是，如泥沙颗粒级配图 3.3 所示，80 目鱼雷滤网浑水试验选用的进水流量中粒径大于滤网孔径的含沙量 51.19% 左右，明显大于120 目鱼雷滤网 20.63%，同时含沙量也大于 120 目，在这样的试验条件下，此两种鱼雷网式过滤器对应曲线出现水头损失拐点的时间间隔差别较大；也就是说，80 目鱼雷滤网浑水试验用最小含沙量 $S=0.1214\text{g/L}$ 和最大含沙量 $S=0.3935\text{g/L}$ 达到同一个拐点 $h_w=4.0\text{m}$ 的时间间隔 $t=54.22\text{min}$ 和 $t=9.82\text{min}$ 明显比 120 目滤网最小含沙量 $S=0.0874\text{g/L}$ 的 $t=16.18\text{min}$ 和最大含沙量 $S=0.1934\text{g/L}$ 的 $t=6.65\text{min}$ 长，这说明滤网孔径起到关键作用的缘故。但是 80 目鱼雷滤网含沙量 $S=0.3935\text{g/L}$、$S=0.3581\text{g/L}$ 及 $S=0.2755\text{g/L}$ 达到同一个拐点 $h_w=4.0\text{m}$ 的时间分别为 $t=9.82\text{min}$、$t=12.63\text{min}$ 及 $t=15.40\text{min}$，120 目鱼雷滤网含沙量 $S=0.0874\text{g/L}$ 和 $S=0.1211\text{g/L}$ 的水头损失拐点 $h_w=4.0\text{m}$ 时的时间分别为 $t=16.18\text{min}$ 和 $t=15.67\text{min}$，这些试验数据表明，120 目鱼雷滤网进水含沙量小于 80 目鱼雷滤网的情况下，其达到同一个拐点的时间明显长于 80 目鱼雷滤网，这主要是因为 80 目滤网进水含沙量和粗颗粒含量大于 120 目，故引起鱼雷滤网更容易堵塞；由此可知，滤网孔径一定情况下，过滤器堵塞时间的长短主要取决于进水含沙量和泥沙颗粒这两个重要指标。

总而言之，在进水流量基本稳定不变为 $300\text{m}^3/\text{h}$ 和保证与上文叙述的两组 6 个不同进水含沙量的试验条件下，80 目和 120 目鱼雷滤网过滤器浑水水头损失达到同一个预设压差 $\Delta p=0.1\text{MPa}$ 的过滤时间在 $7.02\sim54.82\text{min}$ 范围内，见表 3.11；80 目鱼雷网式过滤器过滤时间长于 120 目；这两种过滤器水头损失达到 4.0m 时就均出现拐点，但拐点后的水头损失变化梯度不一样，80 目的大于 120 目的。

表 3.11　　80 目和 120 目鱼雷网式过滤器在进水流量 300m³/h 和
不同含沙量条件下的过滤时间对照

序号	滤网目数 /目	进水含沙量 S /(g/L)	过滤时间 t /min
1	80	0.1214	54.82
2		0.1420	38.15
3		0.1803	21.30
4		0.2755	15.58
5		0.3581	12.78
6		0.3935	9.90
7	120	0.0874	16.88
8		0.1211	16.35
9		0.1311	13.98
10		0.1512	11.35
11		0.1658	9.17
12		0.1934	7.02

从以上室内试验结果可看出，80 目和 120 目鱼雷网式过滤器的一定进水流量和改变 6 个不同含沙量的试验中，各滤网的浑水试验含沙量差别较明显，则没有采取同一组不同的 6 个含沙量来进行试验，若以 80 目滤网的一组 6 个不同进水含沙量来对 120 目滤网进行试验，过滤时间非常短，连还没有调节好出水口末端的流量控制阀，120 目滤网就开始堵塞，结果无法判别相应于各含沙量的过滤时间之间的差距，故为了清楚得出 120 目滤网在一定进水流量和不同含沙量情况下的过滤时间变化规律，相对于 80 目滤网，采用含沙量较低的一组 6 个不同含沙量来对其进行试验。这主要是因为 80 目滤网孔径比 120 目大得多，除此之外，从泥沙颗粒级配图 3.3 易知，80 目滤网选用含沙量中大于 120 目滤网孔径粗颗粒含量达到 90% 左右；结果粗颗粒含量较多的浑水进入鱼雷滤网内的初始过滤阶段就开始滤网堵塞，于是浑水水头损失急剧上升而非常短暂的时间内达到预设压差 Δp ＝0.1MPa。

无论是定含沙量不同进水流量，或者定流量不同进水含沙量条件下的浑水试验，试验结果都表明，过滤时间比实际大田灌溉过滤时间（一般为几小时或十几小时，有时甚至达到几十小时）短得多，这是因为室内试验蓄水池很小，当定量加泥沙并用搅拌机搅拌均匀后，过滤器单位进水流量含沙量较大，如前面所论述，虽然鱼雷部件头部和末端孔口的作用而产生水流内外循环，结果大部分粗颗粒进入鱼雷部件内腔，少部分粗颗粒和粒径小于滤网孔径的泥沙混合作用，而形成由滤网末端向出水口方向发展的堵塞态势，同时随过滤时间的进行，滤网内侧表面出现滤饼，因而很快将鱼雷滤网堵塞。一旦水头损失拐点出现，过滤器进出口压差很短的时间内达到自动冲洗控制器事先设置的压差 Δp ＝0.1MPa。不过在实际大田灌溉中，微灌系统首部都均配有蓄水池如图 3.15 所示，其体积一般为室内蓄水池的 5～10 倍。

图 3.15　微灌系统首部常用沉沙池（新疆农二师 31 团）

　　灌溉面积较大的情况下，修建小型平原水库并将其作为微灌系统的沉砂池，如图 3.16 所示，新疆生产建设兵团十四师 224 团皮墨垦区约 30 万亩微灌工程的大型蓄水沉砂池。地表灌溉水流入容量如此大的蓄水池后流速大幅度减小，并且大颗粒泥沙沉淀在其中，最终进入过滤器内的进水含沙量较低和泥沙颗粒粒径也很小，同时这些小粒径中相对粗的颗粒聚集在鱼雷部件内腔，大多数将会穿滤网网孔，故在短的时间内不会造成鱼雷网式过滤器的堵塞；剩下的很少一部分粒径大于滤网孔径的粗颗粒缓慢导致滤网的堵塞，但是其过滤时间相应很长，故在实际应用过程中的冲洗间隔时间远远长于试验过程中的冲洗间隔时间。

图 3.16　微灌系统首部常用沉沙池（新疆农十四师 224 团）

　　本书试验采用的进水含沙量和泥沙粗颗粒含量相对于实际灌溉中的大得多，以期可以在很大程度上缩短水头损失达到预设压差 $\Delta p = 0.1\text{MPa}$ 的时间，这样做对试验结果不会产生负面影响，而且能够反映出鱼雷网式过滤器水头损失随过滤时间的变化规律；与此同时，从此变化规律可预测出实际微灌系统灌溉中水头损失和过滤时间之间的相应变化趋势，所以该试验结果不仅对过滤器在实际微灌工程应用不会产生影响，而且借鉴使用方面具有一定的参考价值。

　　无论是在一定含沙量不同进水流量或者在一定进水流量不同含沙量条件下，在过滤初期，进水流量基本保持不变。由表 3.12 可看出，当鱼雷滤网水头损失达到 0.04MPa 时，进水流量开始降低，表明鱼雷滤网开始堵塞并明显影响过滤器过滤流量，同时其有效过滤面积逐渐减小，尤其是当预设压差达到 0.1MPa 时，进水流量偏差达到或超过 10%，在实际应用微灌工程中，为保证进水流量保持不变以使得大田作物正常灌溉，此时应对过滤系统进行清洗，故一般鱼雷网式过滤器的冲洗预设压差值调节 0.04MPa 为宜。

表 3.12　80 目和 120 目鱼雷网式过滤器在进水流量 300m³/h 和不同含沙量条件下
拐点 h_w＝4.0m 和预设压差 0.1MPa 时流量变化

序号	滤网目数 /目	含沙量 S /(g/L)	拐点 h_w＝4.0m 进水流量 Q /(m³/h)	预设压差 0.1MPa 进水流量 Q /(m³/h)
1		0.1214	299.0	268.6
2		0.1420	298.7	275.2
3	80	0.1803	297.8	274.5
4		0.2725	299.1	273.0
5		0.3581	298.7	272.7
6		0.3935	298.9	271.8
7		0.0874	297.3	264.9
8		0.1211	297.3	268.0
9	120	0.1311	295.8	269.2
10		0.1512	296.8	269.3
11		0.1658	297.9	264.0
12		0.1934	297.1	263.9

3.3.4　最佳预设压差值的确定[185][191][206]

在过滤过程中，随着过滤时间的进行滤网内侧表面积聚的泥沙含量不断增多，因而导致滤网的有效过滤面积随之泥沙含量的增多而逐渐减小。与此同时，滤网内外的压差值也相应增大。在实际灌溉过滤过程中，为了保证大田农作物的正常灌溉，在滤网被堵塞到一定程度并影响滴水均匀度之前，应及时对过滤系统进行冲洗操作，以便使得微灌系统正常运行。

从以上水头损失随进水流量和含沙量变化的关系曲线图可知，在过滤器进出口尺寸和滤网技术规格等边界条件给定的情况下，进水流量和含沙量对浑水水头损失的影响较大，而且此两个因素决定了滤网堵塞程度的大小和快慢，则有效过滤面积减小的快慢程度，同样也决定了水头损失增加的快慢程度。进水流量保持不变，但含沙量较大的情况下，滤网内外压差逐步增大变为急剧上升趋势，即进出口压差迅速增大，结果导致进水流量迅速下降，同时滤网迅速被堵塞。为避免滤网完全被堵塞而影响微灌系统正常运行，准确确定合理的冲洗预设压差值是极其重要的。这样当过滤系统过滤至滤网内外压差达到预设压差值时，过滤器及时转入冲洗阶段并完成冲洗排污任务。

过滤器滤网的及时冲洗和冲洗干净与预设压差值的多少和多少时才是最佳等问题有着密切的关系。若预设压差值过大，一方面导致滤网内侧表面形成的滤饼增厚，污物增多，因出口压力很小，需要反冲洗的反流水流压力不足而达不到冲洗干净的目的；另一方面部分粒径大于滤网孔径的粗颗粒在滤网内部较大压力作用下会挤过滤网流入田间滴灌带堵塞灌水器；同时滤网将承受较大压力差而引起滤网变形，若此现象频繁发生将会导致滤网的破坏；相反，过滤系统的过滤时间变短，致使频繁排污，严重影响过滤器的过滤效果和系统的正常滴水，进而造成水源浪费。故准确设置最佳预设压差值显得尤为重要。最佳预设压差值的确定常用两种方法：①最佳预设压差值的理论计算；②最佳预设压差值的试验研究。

3.3.4.1　最佳预设压差值的理论计算

过滤器滤网过滤过程的物理实质是流体通过多孔介质的流动过程。流体通过均匀的、不可压缩固体床层的流动规律是研究过滤器过滤过程的基础。以此为出发点，最早的实验研究是由法国工程师达西进行的，1856 年提出的著名经验公式[217-218]为

$$\frac{V}{At} = u = \frac{K\Delta p}{L} \tag{3.3}$$

式中：V 为时间 t 内通过床层的流体体积，m^3；A 为床层的截面积，m^2；u 为流体通过床层的平均线速度，m/s；Δp 为流体通过床层的压强差，Pa；L 为床层厚度，m；K 为与床层及流体物性有关的常数。

考虑到流体黏度对流体通过均匀、不可压缩固体床层的流动的影响，将达西公式修正为

$$u = \frac{K'\Delta p}{\mu L} \tag{3.4}$$

式中：K' 为渗透系数；μ 为流体黏度，$Pa \cdot s$。

因流体通过用金属丝编织的滤网层与通过均匀的、不可压缩固体床层的流动规律相同故可采用柯兹尼-卡门公式表示渗透系数：

$$K' = \frac{\varepsilon^3}{(1-\varepsilon)^2} \frac{1}{K_1 A_0^2} \tag{3.5}$$

式中：ε 为过滤介质的孔隙度，定义为流体可以通过的体积部分；K_1 为柯兹尼常数；A_0 为过滤介质的比表面积，定义为过滤介质单位体积内的表面积。

结合式（3.4）和式（3.5）就得出水流通过滤网的基本过滤方程：

$$K' = \frac{\mu u L}{\Delta p} = \frac{\varepsilon^3}{(1-\varepsilon)^2} \frac{1}{K_1 A_0^2} \tag{3.6}$$

鱼雷网式过滤器的阻力总压降（Δp）包括过滤介质阻力压降（Δp_1）、滤饼阻力压降（Δp_2）及鱼雷部件阻力压降（Δp_3），其中滤网介质为滤网，在滤网内侧表面未形成滤饼过滤初期，滤网阻力起主要作用，然而随着过滤时间的持续，滤网内侧表面不断积聚泥沙颗粒形成滤饼，因而滤饼阻力对水流开始起主要作用；80 目和 120 目滤网鱼雷部件在相应滤网介质内所造成的阻力压降自过滤开始至冲洗一个过滤周期内可视为恒值，因该过滤时段内进水流量不会发生较大变化，即不超过 10%；一般鱼雷网式过滤器的总阻力压降可按下式表达：

$$\Delta p = \Delta p_1 + \Delta p_2 + \Delta p_3 \tag{3.7}$$

式中：Δp 为鱼雷网式过滤器的总阻力压降（总压差），MPa；Δp_1 为滤网阻力压降（滤网内外侧压差），MPa；Δp_2 为滤饼阻力压降（滤饼产生压差），MPa；Δp_3 为鱼雷部件阻力压降，MPa；

达西定律是在假定多孔介质层的流态是层流状态下建立的，而且这样的假定可以适用于研究多数滤网过滤器的流场分析，文琪等[219]就假定水流在滤网孔口中的流动为层流状态，对过滤器滤网压降进行了理论计算。

假若水流在滤网孔口中的流动为层流状态，则可以式（3.6）表示滤网压降，并可得：

$$\Delta p_{11} = \frac{\mu u L K_1 A_0^2 (1-\varepsilon)^2}{\varepsilon^3} = \mu u L K_0 \tag{3.8}$$

式中：Δp_{11} 为滤网孔口中的流态层流时滤网压降，MPa；K_0 为综合系数，$K_0 = K_1 A_0^2 \dfrac{(1-\varepsilon)^2}{\varepsilon^3}$。

假若滤网孔口中的流态为紊流状态，则不能以式（3.8）计算滤网压降。基于前人研究结果，当滤网孔口中的流态为紊流时，滤网压降计算式（3.8）变为

$$\Delta p_{12} = \frac{\mu u L K_1 A_0^2 (1-\varepsilon)^2}{\varepsilon^3} = \mu u L K_0 \tag{3.9}$$

式中：Δp_{12} 为滤网孔口中的流态紊流时滤网压降，MPa。

以上分别讨论了过滤器滤网孔口中的流态为层流和紊流状态下的压降理论计算方法，本书研究的鱼雷网式过滤器内流态究其是层流还是紊流状态，以雷诺数 Re 为标准判别，根据前人的研究结果[220]，雷诺数 Re 的定义为

$$Re = \rho u d_p / \mu \tag{3.10}$$

式中：ρ 为流体密度，kg/m³；d_p 为金属丝滤网的孔径，m。

基于式（3.10）计算得出的雷诺数 Re，判别滤网水流的流态，并当 $Re < 3$ 时为层流，$Re > 7$ 时为紊流，$3 < Re < 7$ 时过渡状态。

本书研究的鱼雷网式过滤器滤网直径为 0.2m，长度为 0.961m，过滤介质为 316L 不锈钢丝网，结构如图 3.17 所示。根据目前国产市售不锈钢网规格参数，本书试验研究所选用滤网规格如下：80 目滤网丝径 $d_m = 0.1162\text{mm}$，孔径 $d_p = 0.2127\text{mm}$，有效过滤面积系数 $f = 0.33$，平均滤网厚度为 0.2324mm；120 目滤网丝径 $d_m = 0.0907\text{mm}$，孔径 $d_p = 0.1210\text{mm}$，有效过滤面积系数 $f = 0.26$，平均滤网厚度为 0.1814mm。

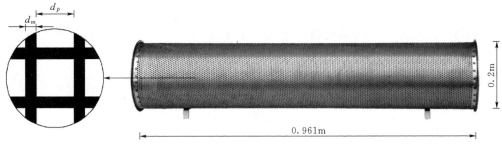

图 3.17　滤网结构图

根据以上已知滤网技术规格，可计算得出过滤网比表面积 A_0：

$$A_0 = \frac{\pi d_m \times 1}{1/\pi d_m^2 \times 1} = \frac{4}{d_m} \tag{3.11}$$

过滤网的孔隙度 ε 可定义为流体可以通过的体积部分，其计算表达式为

$$\varepsilon = \frac{过滤网孔口体积}{过滤网总体积} = \frac{\frac{1}{4}\pi d_p^2 L}{(d_m + d_p)(d_m + d_p)L} = \frac{\pi d_p^2}{4(d_m + d_p)^2} \tag{3.12}$$

经计算可得，80 目和 120 目滤网 ε 分别为 0.33 和 0.26，是符合前人研究结果则编织金属丝网孔隙率 0.25～0.50。从孔隙度计算结果可知，80 目和 120 目滤网孔隙度均在 0.3 左右，基于前人的研究成果，在孔隙度范围 $0.3 < \varepsilon < 0.5$，$K_1 = 5.0$；$0.5 < \varepsilon < 0.8$，$K_1 = 5.5$，从此可看出，K_1 就随孔隙度变化而相应变化。而戴维斯指出：K_1 和 ε 之间的关系式下式表示：

$$K_1 = \frac{4\varepsilon^3}{(1-\varepsilon)^{0.5}}[1 + 56(1-\varepsilon)^3] \tag{3.13}$$

于是利用式（3.9）、式（3.11）和式（3.13）可以得出鱼雷网式过滤器滤网压降的计算模型：

$$\Delta p_{12} = \frac{64\mu v_m L}{d_m}(1-\varepsilon)^{1.5}[1 + 56(1-\varepsilon)^3] \tag{3.14}$$

本书研究的鱼雷网式过滤器额定设计流量 $Q_设 = 300\text{m}^3/\text{h}$，用式（2.13）计算得出试验用 80 目和 120 目过滤器滤网网孔的平均流速 $v_m = 0.840\text{m/s}$ 和 $v_m = 1.322\text{m/s}$，流体黏度可取 $\mu = 1.005 \times 10^{-3}\text{Pa·s}$ 则可按式（3.10）计算得出 80 目和 120 目滤网的雷诺数分别为 $Re = 177.8$ 及 $Re = 159.2$。

从以上计算结果易知，无论是 80 目还是 120 目滤网，滤网孔口水流的雷诺数 Re 均大于 7，故滤网孔口水流为紊流，应该用式（3.14）计算滤网产生的流阻压降。将上述数值分别代入式（3.14）可得到过滤器滤网产生的压降，即 80 目滤网 $\Delta p_1 = \Delta p_{12} = 9100\text{Pa}$（0.9100m 水头）；120 目滤网 $\Delta p_1 = \Delta p_{12} = 26014\text{Pa}$（2.6014m 水头）。

随着过滤时间的推移，由滤网截留的泥沙颗粒形成一层滤饼，这时滤饼对液流产生的流阻开始起主要作用。滤饼的厚度随过滤时间的增加而逐渐增大，且介质两侧压差也逐步增大，从而滤饼孔隙度随之减小，故过滤过程可视为可压缩滤饼过滤。同时影响滤饼压降的因素在实际工况中存在很大的不确定性，于是不易确定在过滤过程中产生的具体压降。但是，由于滤饼过滤与介质过滤原理相同，因此从过滤的基本方程入手建立计算数学模型。

根据达西公式式（3.4）和柯兹尼—卡门方程式（3.6），得出的过滤介质压降计算式（3.9）进行重新定义：

$$\Delta p_2 = \frac{\mu u L K_1 A_0^2 (1-\varepsilon)^2}{\varepsilon^3} = \mu u L K_0 \tag{3.15}$$

$$S_0 = \frac{4\pi r^2}{\frac{4}{3}\pi r^3} = \frac{3}{r}$$

式中：ε 为滤饼的孔隙度；S_0 为泥沙微粒的比面积；L 为滤饼厚度，m；K_1 为柯兹尼常数，

$K_1 = \dfrac{4\varepsilon^3}{(1-\varepsilon)^{0.5}}[1+56(1-\varepsilon)^3]$；$\Delta p_2$ 为流体通过滤饼的压降，Pa。

泥沙微粒比面积 S_0 和柯兹尼常数 K_1 代入式（3.15）并整理可得滤饼压降计算公式：

$$\Delta p_2 = \frac{36\mu u L}{r}(1-\varepsilon)^{1.5}[1+56(1-\varepsilon)^3] \tag{3.16}$$

由式（3.16）可见，滤饼压降与流速、滤饼厚度及所过滤的滤液黏度成正比，其中孔隙率的影响特别大。过滤器过滤过程中孔隙率的数值通常不固定，随着过滤时间的进行，滤饼厚度和孔隙率不断变化，同时滤饼阻力继续增大，滤饼受到一定的压缩性，致使孔隙率 ε 随之减小。滤饼表面孔隙度最大，相应其表面处的流速最大；在滤网表面处滤饼孔隙度最小，相应其表面处的流速最小。滤网过滤器的过滤是液力过滤，则仅靠滤网和滤饼过滤，而且所形成的滤饼孔隙率在 0.5～1.0 范围内。

本书研究的鱼雷网式过滤器 80 目滤网表面形成滤饼截面平均流速为 0.48m/s，孔径 0.2127mm，由粒度测试报告读出本试验用泥沙颗粒最小半径为 $r=0.015$mm；最大孔隙率 $\varepsilon=0.8$，最小孔隙率 $\varepsilon=0.5$；试验测得滤饼厚度为 0.25mm［图 3.18（a）］，滤液黏度 1.005×10^{-3}Pa·s。120 目滤网：滤饼平均截面流速为 0.77m/s，孔径 0.1210mm，由粒度测试报告读出本试验用泥沙颗粒最小半径为 $r=0.009$mm；试验测得滤饼厚度为 0.10mm［图 3.18（b）］；其余项取值如同 80 目滤网。将以上数据代入式（3.19），就分别得出 80 目和 120 目滤网滤饼的最小压降和最大压降，即 80 目：最小压降 $\Delta p_2=4470.50$Pa（0.45m 水头），最大压降 $\Delta p_2=97387.98$Pa（9.7m 水头）。120 目：最小压降 $\Delta p_2=7145.58$Pa（0.71m 水头），最大压降 $\Delta p_2=155471.28$Pa（15.5m 水头）。

从第 2 章清水水头损失试验得出，80 目鱼雷网式过滤器鱼雷部件造成的阻力压降为 $\Delta p_3=24770$Pa（2.5m 水头），并由式（3.7）计算可得过滤器总压降，即为 38340.50～131257.98（3.8～13.1m 水头），对于 120 目情况鱼雷部件造成的阻力压降为 $\Delta p_3=19390$Pa（2.0m 水头），计算得总压降范围为 52549.58～200875.28Pa（5.3～20.1m 水头）；根据鱼雷网式过滤器浑水水头损失试验结果，得到 80 目和 120 目鱼雷网式过滤器的压降变化范围分别在 35000～105000Pa（3.5～10.5m 水头）和 32000～105000Pa（3.2～10.5m 水头）。从以上叙述可知，80 目和 120 目鱼雷网式过滤器试验得到的浑水水头损失变化范围在压降理论计算最小和最大值变化范围之内；同时可以发现过滤器压降理论计算最大值较大，这主要是因为滤饼孔隙率的测试很难做到，而且其取值来自于前人对于自清洗网式过滤器的研究成果，难以避免出现较大误差。但是，通过对鱼雷滤网压降进行理论计算，进一步提升与过滤器水头损失有密切关系的各个因素影响程度的认识，从而为后续鱼雷网式过滤器的设计研发和试验研究提供参考理论依据。

3.3.4.2 最佳预设压差值的试验研究

基于一定含沙量、不同进水流量、一定流量及不同进水含沙量试验条件下，对 80 目和 120 目鱼雷网式过滤器浑水水头损失变化规律进行了试验研究，如图 3.5、图 3.8、图 3.13 及图 3.14 所示，从图中易看出，过滤器水头损失受进水流量、进水含沙量和过滤时间等多种因素影响。理所当然，我们要确定的最佳预设压差也受到这些影响因素的限制，其数值应至少大于额定设计流量 300m³/h 下的最小清水水头损失 h_w，即 80 目滤网 $h_w=$

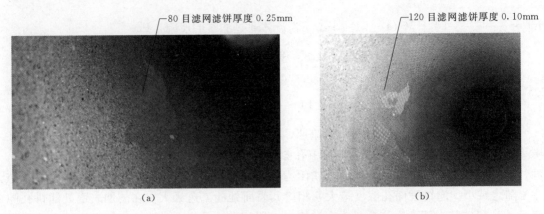

图 3.18　80 目和 120 目滤网滤饼厚度测试图

(a) 80 目滤网滤饼厚度；(b) 120 目滤网滤饼厚度

3.538m，120 目滤网 $h_w = 3.234$m，小于排污压差上限值 $h_w = 10$m。结合图 3.13、图 3.14 及图 3.19 中 80 目和 120 目滤网水头损失变化状况可知，浑水水头损失变化发展到 0.04MPa 时出现拐点。此值在最小 $h_w \sim$ 上限 h_w 和压降理论计算值 $\Delta p_1 \sim \Delta p_2$ 范围之内，故确定其预设压差值 0.04MPa 为最宜。

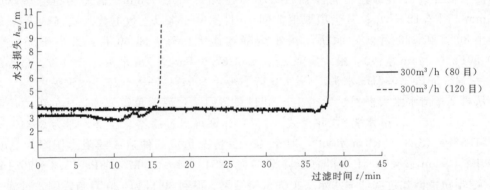

图 3.19　80 目和 120 目鱼雷网式过滤器同一个流量不同含沙量情况下的水头损失变化曲线

（出水口在 0.52m 位置）（80 目：含沙量 0.1420g/L；120 目：含沙量 0.1211g/L）

3.3.5　最佳排污时间的确定

3.3.5.1　试验研究

在实际微灌过程中，过滤器的及时排污和排污时间直接影响着工作效率、微灌系统的正常工作及大田农作物的灌水质量和品质。及时排污问题已经在确定最佳排污压差的内容里较详细论述，在此主要探讨其最合理排污时间的技术参数。若排污时间延长将会导致水源浪费和滴水均匀度；排污时间太短，过滤器就不能进行有效排污，达不到滤网冲洗干净的目标，则滤网有效过滤面积继续处于较小的状态，这样每次过滤时间很短，即过滤周期缩短，结果造成过滤器频繁冲洗排污现象。因此，准确确定最佳的、切合实际的排污时间对于过滤器在微灌系统中的正常应用和发挥最佳经济效益具有十分重要的意义。

基于试验研究和理论分析，诸多专家学者就微灌系统中常用的各种类型过滤器的最佳排污时间提出了许多宝贵的参考数据和计算经验公式。本文研究的鱼雷网式过滤器的结构特点和鱼雷部件聚集泥沙颗粒的独特性能决定了它的排污时间。基于浑水试验过程中的排污（冲洗）试验研究，测出不同排污时间对应排污含沙量的变化，确定最佳排污时间。排污时间的控制是利用浑水试验所选用自动冲洗控制器来进行的，本文使用的自动冲洗控制器是由以色列 Talgil 自动控制设备制造公司生产提供的，其冲洗时间调节范围是 5~360s，试验过程中根据实际排污含沙量变化情况，最大排污时间设定为 100s，然后在排污管末端每 5s 取容量为 500mL 的一瓶水样，直到排污结束，总共 20 瓶水样，随着排污时间的进行，排污含沙量由大变小至稳定，排污含沙量变化曲线稳定段对应的时间段定义为最佳排污（冲洗）时间。根据以上试验方案，对 80 目和 120 目鱼雷网式过滤器设置 4 个预设压差值，即 0.04MPa、0.05MPa、0.06MPa 及 0.1MPa，在每个预设压差值试验条件下，分别改变 6 个进水含沙量进行最佳排污时间试验，即 80 目：0.1214g/L、0.1420g/L、0.1803g/L、0.2755g/L、0.3581g/L 及 0.3935g/L；120 目：0.0874g/L、0.1211g/L、0.1311g/L、0.1512g/L、0.1658g/L 及 0.1934g/L。从以上数据可看出，最佳排污时间试验所选用的进水含沙量相比于前人试验研究大一些，尤其是 80 目滤网试验用的进水含沙量明显较大，这主要是因为鱼雷部件将较粗泥沙颗粒聚集到鱼雷部件内腔的缘故。试验开始并待水头损失变化至预设压差值时，压力传感器收到冲洗命令就开始排污，同时在排污管处按试验方案提取含沙水样，后期通过滤纸法测出排污含沙量，可做出相应各实验条件下的 80 目和 120 目滤网过滤器排污含沙量随时间的变化曲线，如图 3.20 和图 3.21 所示，由图可知，排污含沙量随冲洗时间的变化规律基本上是一致的，则进水含沙量越大，排污初始阶段排污含沙量越大，排污含沙量峰值也越大。结合图 3.20 和图 3.21 显而易见，排污刚开始初始时段内，即排污延续到 5s 时，排污含沙量均大于进水含沙量，这主要是因为过滤器在正常过滤过程中积聚在滤网末端排污室的含沙量随过滤时间的进行不断增大，当过滤器进出口压差达到预设压差值时，水力排污阀全打开并利用内外较大的压差首先将排污室内的泥沙排出，因此初始阶段排污含沙量明显大于进水含沙量。随着排污时间的延续，排污时间接近 10s 时，排污管末端将会流出一股很浓的污水，这就体现滤网末端内侧表面较厚的泥沙滤饼被高压高速水流带到排污管内，且如图 3.20 所示出现排污含沙量峰值；随排污的进行，排污时间在 10~15s 之内，滤网内侧表面的泥沙越来越小，故排污含沙量急剧减小，排污曲线出现拐点并排污过程进入逐步稳定的缓冲阶段，即此阶段发生在 20~35s 排污时段内，而且排污时间进行到 40s 左右时，排污含沙量开始稳定则 40~50s 之内已达到基本稳定。

由图 3.20 可知，因为 80 目滤网进水含沙量大于 120 目滤网，故其初始阶段排污含沙量和峰值均大于 120 目；而且从图中易发现 80 目滤网排污含沙量基本稳定后的排污含沙量也一律大于 120 目。这就说明排污含沙量与进水含沙量有着密切的关系，不过 80 目和 120 目滤网排污含沙量的稳定时间大致一样，理论上，进水含沙量越大，滤网内侧表面被截留的泥沙含量越大，并需要冲洗的时间较长，因而 80 目的排污时间和需要排污含沙量稳定的时间相比于 120 目较长，但是，众所周知，80 目和 120 目滤网都装有起积聚泥沙作用的鱼雷部件，随着进水含沙量的增大和过滤时间延长，被积聚在鱼雷部件内腔的泥沙含量也增大，结合过滤时间试验和图 3.20 和图 3.21 明显看出 120 目滤网的进水含沙量和过

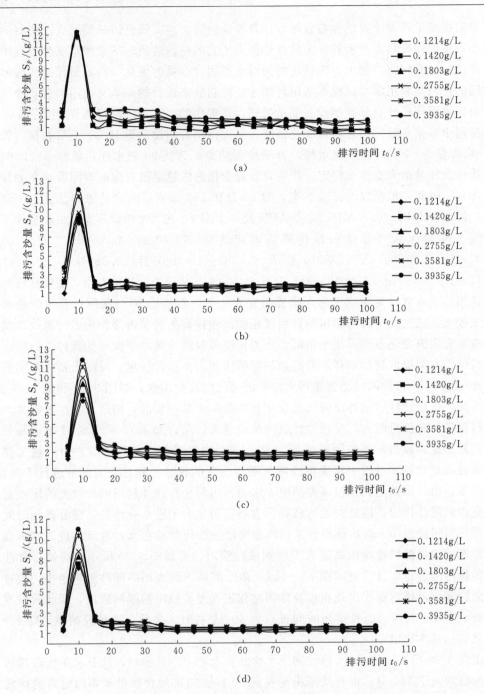

图 3.20　80 目鱼雷网式过滤器不同预设压差条件下排污含沙量随排污时间的变化曲线

(a) 预设压差值 0.1MPa；(b) 预设压差值 0.06MPa；(c) 预设压差值 0.05MPa；

(d) 预设压差值 0.04MPa

滤时间比 80 目滤网小得多，故 120 目滤网鱼雷部件内腔被积聚的含沙量也相应较小，但是从图中易知排污含沙量趋于稳定的时间两者相等，这主要是与试验用泥沙颗粒粗细、滤网内侧表面形成的滤饼黏结强度、泥沙粗细颗粒从鱼雷部件内排出所需时间、进水含沙量及排污含沙量有着密切的关系，从试验过程中发现泥沙颗粒较粗，与滤网内侧表面的黏结强度较弱；排污较容易，进水含沙量越大，排污含沙量也越大，若进水泥沙颗粒较细并且进水含沙量小，则情况与之相反，所以排污含沙量趋于稳定的所需时间相同。基于前面叙述的原理，80目和120目鱼雷网式过滤器排污含沙量峰值出现时间在10s左右，排污时间达到15s时排污曲线发生拐点，排污时间20～40s时段为排污含沙量趋向于稳定，排污时间延续到40s后，排污含沙量开始稳定，则40～50s时段内排污含沙量基本上达到稳定，同时排污效果最佳，故此冲洗时段设为最佳排污时间。

如上文所论述，在进水流量保持不变为300m³/h的试验条件下，进水含沙量大，排污含沙量也大，但进水含沙量为0.3935g/L时，其初始排污含沙量小于进水含沙量0.2755g/L的初始排污含沙量，这主要是与取样时间、取样均匀性及前面所做的浑水试验过程中在排污室内沉积下来的泥沙含量有着直接的关系。除此之外，从理论上讲，排污含沙量稳定后其值与进水含沙量相同，但是，若再仔细检查图3.20和图3.21，在不同的4个预设压差排污试验情况下，进水流量保持稳定，而且保证此两种滤网过滤器试验用各6个不同进水含沙量始终保持不变，还可以发现80目和120目鱼雷网式过滤器排污含沙量均大于进水含沙量，这主要是因为滤网内侧表面泥沙排污的同时鱼雷部件内部积聚下来的泥沙排出来的缘故。另外，从图3.20和图3.21还可以看出，起点排污含沙量、峰值排污含沙量、拐点处的排污含沙量随着排污预设压差值的增大而增大，即预设排污压差0.1MPa时最大，0.04MPa时最小。

3.3.5.2 理论研究

随着过滤时间的不断进行，进水流量基本恒定不变的情况下，滤网堵塞以进水含沙量的大小和泥沙颗粒粗细程度为基本影响因素，滤网内侧表面逐步形成滤饼，过滤器进出口压差不断增大，则水头损失达到冲洗控制器预设的压差值，过滤系统仍然过滤的同时转入排污（冲洗）工作状态。基于前人排污研究成果[221-223]，排污时间定义排出过滤器在一个过滤周期内污物总质量的99%污物所需的时间为最佳排污时间。对于鱼雷网式过滤器来说，净化灌溉水的目标是由滤网和鱼雷部件等这两种过滤和除砂元件的同时工作的结果下才实现的，故其最佳排污时间是指排出滤网截留污物和鱼雷部件内腔聚集污物之和总量的99%所需的排污时间。

假设过滤器滤网在过滤时间内截留下来的污物（泥沙）质量为M_1，鱼雷部件聚集在内腔的污物（泥沙）质量为M_2，则鱼雷网式过滤器在一次过滤周期内的污物质量（泥沙）M为

$$M = M_1 + M_2 \tag{3.17}$$

总污物质量M的大小与进水流量、进水含沙量、大于滤网孔径粗颗粒含量及过滤时间有着密切的关系，因此总污物质量可表达为

$$M = QSP_m t \tag{3.18}$$

式中：M为鱼雷网式过滤器污物总质量，kg；M_1为滤网截留的污物质量，kg；M_2为鱼雷部件聚集在内腔的污物质量，kg；Q为进水流量，m³/h；S为进水含沙量，g/L；P_m为大于滤网孔径的泥沙颗粒在粒径级配中的百分比，%；t为相应进水含沙量情况下达到预设压差值时的过滤时间，min。

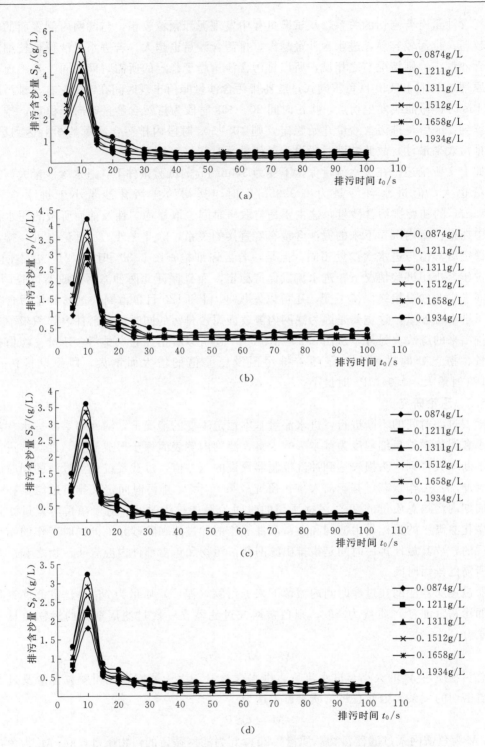

图 3.21　120 目鱼雷网式过滤器不同预设压差条件下排污含沙量随排污时间的变化曲线

(a) 预设压差值 0.1MPa；(b) 预设压差值 0.06MPa；(c) 预设压差值 0.05MPa；

(d) 预设压差值 0.04MPa

由式（3.18）可知，过滤器污物总质量大小取决于进水流量、进水含沙量、大于试验用滤网孔径粗颗粒含量及过滤时间等因素的综合作用，其中进水含沙量和大于滤网孔径粗颗粒含量一定时，污物总质量主要由过滤时间 t 与进水含沙量 S 的大小来确定。由过滤器的过滤原理和浑水试验结果可知，过滤时间随进水含沙量的变化而变的因变量，如图 3.22和图 3.23 所示。结合式（3.18）和图 3.22 及图 3.23 可得出，在进水流量 300m³/h 和影响过滤器污物总质量的其他影响因子基本恒定不变的情况下，鱼雷网式过滤器污物总量随过滤时间的延长而增大，随进水含沙量的增加而逐渐减小。

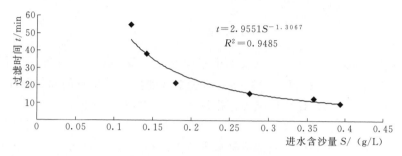

图 3.22　80 目鱼雷网式过滤器过滤时间随进水含沙量变化曲线（进水流量 300m³/h）

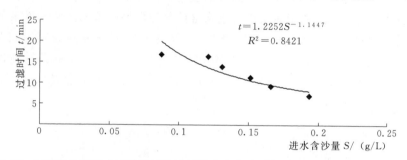

图 3.23　120 目鱼雷网式过滤器过滤时间随进水含沙量变化曲线（进水流量 300m³/h）

过滤器的排污总量由排污流量、排污水含沙量及排污时间等因素决定，并可以下积分式来表达：

$$\int_0^{M_p} \mathrm{d}M_p = \int_0^{t_0} Q_p S_p \mathrm{d}t_0 \tag{3.19}$$

由此积分式可得出：

$$M_p = Q_p S_p t_0 \tag{3.20}$$

由质量守恒定律和排污时间定义易知，过滤器污物总量和排污总量间的表达关系式：

$$M_p = 0.99M \tag{3.21}$$

则由式（3.18）和式（3.20）可得：

$$Q_p S_p t_0 = 0.99 Q S P_m t \tag{3.22}$$

简化后得出：

$$t_0 = 0.99 \frac{tQSP_m}{Q_p S_p} \tag{3.23}$$

式中：t_0 为排污时间，s；Q_p 为排污流量，m³/h；S_p 为排污水含沙量，g/L；其余项如同上文。

本文研究的鱼雷网式过滤器额定设计流量为 300m³/h，在此流量条件下测得的排污流量为 30m³/h。由泥沙粒径级配图 3.3 可读出，大于 80 目滤网孔径的泥沙颗粒含量 P_m ＝51.19％，大于 120 目滤网孔径的泥沙颗粒含量 P_m ＝20.63％。将以上数据代入式（3.23）可得出此两种目数鱼雷网式过滤器的排污时间计算表达式。80 目鱼雷滤网的排污时间：

$$t_0 = 5.07 \frac{St}{S_p} \tag{3.24}$$

120 目鱼雷滤网的排污时间：

$$t_0 = 2.04 \frac{St}{S_p} \tag{3.25}$$

根据定流量、不同进水含沙量以及 4 个不同预设压差值试验条件下，得到的 80 目和 120 目鱼雷网式过滤器排污时间试验数据，即进水含沙量、过滤时间及排污水含沙量，可按式（3.24）和式（3.25）计算得出理论排污时间。试验过程中的进水含沙量 S 值是指一个过滤周期的初始阶段每 20s 取一个样品、中期阶段每 30s 取一个样品和排污前每 50s 的取一个样品获取数据的平均值，具体取样如图 3.24 所示；至于排污水含沙量 S_p，因其随排污时间的进行而不断地变化，取一个固定的数值是一件很难做到的事实，为了能准确表达实际排污过程，笔者在此主张取相应各进水含沙量和预设压差值试验条件下的排污含沙量的峰值。过滤时间 t 可参考取图 3.13、图 3.14 及表 3.11 的试验数据。80 目和 120 目鱼雷网式过滤器的排污时间理论计算见表 3.15 和表 3.16。以上推导出的计算鱼雷滤网过滤器排污时间的公式是以传统自清洗网式过滤器的基础上而演变出来的表达式；但是，当考虑到鱼雷部件除沙功能时，对其进行适当的调整。

图 3.24　进水含沙量取样测试

如前文所叙述，鱼雷网式过滤器过滤进行到预设压差值时，过滤的同时就转入排污状态，在理论上，排污工作要完成排出滤网所截取污物的 99％，就鱼雷部件聚集在内腔的泥沙被排除多少的问题，我们还得通过实测试验来确定其原因。基于泥沙粒径级配图 3.3，称取 8500g 和 1300g 泥沙，并在进水流量为 300m³/h，采用不同的 6 个进水含沙量和预设压差值分别为 0.04MPa、0.05MPa、0.06MPa 及 0.1MPa 的情况下，对 80 目和 120 目鱼雷网式过滤器进行试验，并测出滤网截取污物总量、鱼雷部件聚集污物总量及排污时各元件排出的泥沙总量等，因而确定鱼雷网式过滤器排污时鱼雷部件所排出的泥沙占总污物的百分比，见表3.13和表3.14，于是，在分析此试验数据的基础上，对理论计算排污时间表达式（3.24）和式（3.25）进行修改并得出适用于80目120目鱼雷网式过滤器排污时间的理论计算经验公式。

表 3.13   80目鱼雷网式过滤器鱼雷和滤网除沙统计

进水含沙量/(g/L)	预设压差值 Δp /MPa	0.04	0.05	0.06	0.1
0.1214	鱼雷滤网污物总量/g	4160	4376	4534	4114
	鱼雷聚集总污物/g	3481	3776	3953	3429
	滤网截取总污物/g	679	600	581	685
	鱼雷排出污物/g	1058	1106	1138	1329
	鱼雷排出污物占鱼雷总污物的百分比/%	30.39	29.29	28.79	38.76
	鱼雷排出污物占鱼雷滤网总污物的百分比/%	25.43	25.27	25.10	32.30
	滤网排出污物占鱼雷滤网总污物的百分比/%	16.32	13.71	12.81	16.65
0.1420	鱼雷滤网污物总量/g	4129	4346	4564	3823
	鱼雷聚集总污物/g	3628.5	3827	4034	3303
	滤网截取总污物/g	500.5	519	530	520
	鱼雷排出污物/g	1193.5	1252	1364	1018
	鱼雷排出污物占鱼雷总污物的百分比/%	32.89	32.71	33.81	30.82
	鱼雷排出污物占鱼雷滤网总污物的百分比/%	28.91	28.81	29.89	26.63
	滤网排出污物占鱼雷滤网总污物的百分比/%	12.12	11.94	11.61	13.60
0.1803	鱼雷滤网污物总量/g	3657	4106	3883	3502
	鱼雷聚集总污物/g	2906	3505	3259	2772
	滤网截取总污物/g	751	601	624	730
	鱼雷排出污物/g	1236	1305	1294	1207
	鱼雷排出污物占鱼雷总污物的百分比/%	42.53	37.23	39.71	43.54
	鱼雷排出污物占鱼雷滤网总污物的百分比/%	33.80	31.78	33.32	34.47
	滤网排出污物占鱼雷滤网总污物的百分比/%	20.54	14.64	16.07	20.85
0.2755	鱼雷滤网污物总量/g	3478	4187	4420	4455
	鱼雷聚集总污物/g	2873	3516	3784	3618
	滤网截取总污物/g	605	671	636	837
	鱼雷排出污物/g	1343	1496	1374	1498
	鱼雷排出污物占鱼雷总污物的百分比/%	46.75	42.55	36.31	41.40
	鱼雷排出污物占鱼雷滤网总污物的百分比/%	38.61	35.73	31.09	33.63
	滤网排出污物占鱼雷滤网总污物的百分比/%	17.40	16.03	14.39	18.79

进水含沙量 /(g/L)	预设压差值 Δp /MPa	0.04	0.05	0.06	0.1
0.3581	鱼雷滤网污物总量/g	3995	4345	4396	4721
	鱼雷聚集总污物/g	3391	3639	3697	3901
	滤网截取总污物/g	604	706	699	820
	鱼雷排出污物/g	1466	1739	1622	1706
	鱼雷排出污物占鱼雷总污物的百分比/%	43.23	47.79	43.87	43.73
	鱼雷排出污物占鱼雷滤网总污物的百分比/%	36.70	40.02	36.90	36.14
	滤网排出污物占鱼雷滤网总污物的百分比/%	15.12	16.25	15.90	17.37
0.3935	鱼雷滤网污物总量/g	4133	3823	4455	4891
	鱼雷聚集总污物/g	3381	2997	3490	3878
	滤网截取总污物/g	752	826	965	1013
	鱼雷排出污物/g	1466	1662	1620	1753
	鱼雷排出污物占鱼雷总污物的百分比/%	43.36	55.46	46.42	45.20
	鱼雷排出污物占鱼雷滤网总污物的百分比/%	35.47	43.47	36.36	35.84
	滤网排出污物占鱼雷滤网总污物的百分比/%	18.20	21.61	21.66	20.71

通过室内试验列出鱼雷网式过滤器鱼雷部件和滤网各除砂元件的泥沙处理能力,见表 3.13 和表 3.14。从表 3.13 易看出,预设压差值在 0.04~0.1MPa 和进水含沙量 0.1214~ 0.3935g/L 内变动时,80 目鱼雷网式过滤器鱼雷部件聚集在内腔污物占鱼雷滤网总污物的平均值为 83.6%,滤网截取污物占鱼雷滤网污物的平均值为 16.4%;鱼雷部件排出污物量占鱼雷污物总量平均值为 39.86%,而且鱼雷部件该排除的污物量占据鱼雷滤网总污物量的平均值为 33.15%,故 80 目鱼雷网式进行排污时,应该排出的总污物量等于滤网截取泥沙污物和鱼雷部件排出泥沙污物的之和,即 16.4%+33.15%=49.55% 左右,得出 80 目鱼雷滤网过滤器排污时间的修正计算式:

$$t_0 = 5.07 \times 0.4955 \frac{St}{S_p} = 2.5 \frac{St}{S_p} \tag{3.26}$$

表 3.14　　　　　　**120 目鱼雷网式过滤器鱼雷和滤网除沙统计**

进水含沙量 /(g/L)	预设压差值 Δp /MPa	0.04	0.05	0.06	0.1
0.0874	鱼雷滤网污物总量/g	737.2	770.4	864.5	1003.4
	鱼雷聚集总污物/g	404.5	437	520.6	553.2
	滤网截取总污物/g	332.7	333.4	343.9	450.2
	鱼雷排出污物/g	134.5	142	155.6	203.2
	鱼雷排出污物占鱼雷总污物的百分比/%	33.25	32.49	29.89	36.73
	鱼雷排出污物占鱼雷滤网总污物的百分比/%	18.24	18.43	18.00	20.25
	滤网排出污物占鱼雷滤网总污物的百分比/%	45.13	43.28	39.78	44.87

续表

进水含沙量 /(g/L)	预设压差值 Δp /MPa	0.04	0.05	0.06	0.1
0.1211	鱼雷滤网污物总量/g	693.3	699.8	748.4	939.4
	鱼雷聚集总污物/g	373.3	381.4	409.1	501.9
	滤网截取总污物/g	320	318.4	339.3	437.5
	鱼雷排出污物/g	153.3	151.4	164.1	261.9
	鱼雷排出污物占鱼雷总污物的百分比/%	41.07	39.70	40.11	52.18
	鱼雷排出污物占鱼雷滤网总污物的百分比/%	22.11	21.63	21.93	27.88
	滤网排出污物占鱼雷滤网总污物的百分比/%	46.16	45.50	45.34	46.57
0.1311	鱼雷滤网污物总量/g	778.2	874.1	973.1	1134.5
	鱼雷聚集总污物/g	511.5	531	585.6	628
	滤网截取总污物/g	266.7	343.1	387.5	506.5
	鱼雷排出污物/g	196.5	191	205.6	173
	鱼雷排出污物占鱼雷总污物的百分比/%	38.42	35.97	35.11	27.55
	鱼雷排出污物占鱼雷滤网总污物的百分比/%	25.25	21.85	21.13	15.25
	滤网排出污物占鱼雷滤网总污物的百分比/%	34.27	39.25	39.82	44.65
0.1512	鱼雷滤网污物总量/g	831.2	839.7	907.1	1177
	鱼雷聚集总污物/g	439.7	460.3	532.1	606.9
	滤网截取总污物/g	391.5	379.4	375	570.1
	鱼雷排出污物/g	209.7	195.3	202.1	326.9
	鱼雷排出污物占鱼雷总污物的百分比/%	47.69	42.43	37.98	53.86
	鱼雷排出污物占鱼雷滤网总污物的百分比/%	25.23	23.26	22.28	27.77
	滤网排出污物占鱼雷滤网总污物的百分比/%	47.10	45.18	41.34	48.44
0.1658	鱼雷滤网污物总量/g	958.8	974.5	1096.1	1197.1
	鱼雷聚集总污物/g	535.4	574.6	608.3	628.2
	滤网截取总污物/g	423.4	399.9	487.8	568.9
	鱼雷排出污物/g	250.4	214.6	243.3	213.2
	鱼雷排出污物占鱼雷总污物的百分比/%	46.77	37.35	40.00	33.94
	鱼雷排出污物占鱼雷滤网总污物的百分比/%	26.12	22.02	22.20	17.81
	滤网排出污物占鱼雷滤网总污物的百分比/%	44.16	41.04	44.50	47.52
0.1934	鱼雷滤网污物总量/g	1019.7	1023.9	1025	1144.3
	鱼雷聚集总污物/g	583.2	568.1	570.1	630.4
	滤网截取总污物/g	436.5	455.8	454.9	513.9
	鱼雷排出污物/g	268.2	248.1	190.1	220.4
	鱼雷排出污物占鱼雷总污物的百分比/%	45.99	43.67	33.35	34.96
	鱼雷排出污物占鱼雷滤网总污物的百分比/%	26.30	24.23	18.55	19.26
	滤网排出污物占鱼雷滤网总污物的百分比/%	42.81	44.52	44.38	44.91

采用同样的试验方案，获取 120 目鱼雷网式过滤器鱼雷部件和滤网等元件的泥沙处理指标，则鱼雷部件聚集污物占鱼雷滤网总污物的平均值为 56.2％，滤网截取污物占鱼雷滤网污物的平均值为 43.77％；鱼雷部件排出污物量占鱼雷污物总量平均值为 39.19％，而且鱼雷部件该排除的污物量占据鱼雷滤网总污物量的平均值为 21.96％，故 120 目鱼雷网式过滤器进行排污时，应该排出的总污物量等于滤网截取泥沙污物和鱼雷部件排出泥沙污物的之和，即 43.77％＋21.96％＝65.73％左右，以期得出 120 目鱼雷滤网过滤器排污时间的修正计算式：

$$t_0 = 2.04 \times 0.6573 \frac{St}{S_p} = 1.3 \frac{St}{S_p} \tag{3.27}$$

利用修正后的排污时间计算式（3.26），得出 80 目鱼雷网式过滤器的理论排污时间，见表 3.15，容易看出理论计算排污时间，在各预设压差值情况下，除了进水含沙量 0.1214g/L 和 0.1420g/L 对应的排污时间值较大外，其余排污时间在 40～70s 范围内变化，与试验值最佳排污时间 40～50s 基本接近，故式（3.26）可以作为计算 80 目鱼雷网式过滤器最佳排污时间的参考经验公式。

表 3.15　　　　　　　　　80 目鱼雷网式过滤器排污时间理论计算值

预设压差值 Δp /MPa	进水含沙量 S /(g/L)	过滤时间 t /s	排污含沙量 S_p /(g/L)	排污时间 t_0 /s
	0.1214	3244.8	7.251	136.1
	0.1420	2272.8	7.616	106.1
0.04	0.1803	1264.8	8.400	68.0
	0.2755	924.0	8.905	71.6
	0.3581	759.0	10.430	65.3
	0.3935	589.2	10.953	53.0
	0.1214	3277.8	7.485	133.2
	0.1420	2283.0	8.015	101.3
0.05	0.1803	1273.8	9.279	62.0
	0.2755	931.8	9.905	64.9
	0.3581	763.2	11.071	61.8
	0.3935	591.0	11.845	49.2
	0.1214	3283.8	8.520	117.2
	0.1420	2284.8	8.867	91.6
0.06	0.1803	1276.2	9.283	62.1
	0.2755	933.0	9.645	66.7
	0.3581	763.8	11.365	60.3
	0.3935	592.2	12.054	48.4

预设压差值 Δp /MPa	进水含沙量 S /(g/L)	过滤时间 t /s	排污含沙量 S_p /(g/L)	排污时间 t_0 /s
0.1	0.1214	3289.2	11.763	85.0
	0.1420	2289.0	12.136	67.1
	0.1803	1278.0	12.196	47.3
	0.2755	934.8	12.240	52.7
	0.3581	766.8	12.260	56.1
	0.3935	594.0	12.307	47.6

同样，利用修正后的排污时间理论计算式（3.27），得出 120 目鱼雷网式过滤器的理论排污时间，见表 3.16，易看出理论计算排污时间在 20～70s 变化，而且试验获得的最佳排污时间 40～50s 正好在此理论排污时间值变化区间内，这充分说明式（3.27）可以作为计算 120 目鱼雷网式过滤器在实际应用过程的最佳排污时间的基本经验公式。

表 3.16　　　　　　　120 目鱼雷网式过滤器排污时间理论计算值

预设压差值 Δp /MPa	进水含沙量 S /(g/L)	过滤时间 t /s	排污含沙量 S_p /(g/L)	排污时间 t_0 /s
0.04	0.0874	954.0	1.810	61.8
	0.1211	940.2	2.160	70.7
	0.1311	787.8	2.336	59.3
	0.1512	751.8	2.665	57.2
	0.1658	520.2	2.913	39.7
	0.1934	399.0	3.230	32.0
0.05	0.0874	996.0	1.929	60.5
	0.1211	1008.0	2.340	69.9
	0.1311	808.8	2.616	54.4
	0.1512	667.8	3.050	44.4
	0.1658	538.8	3.350	35.8
	0.1934	408.0	3.580	29.6
0.06	0.0874	1003.2	2.658	44.2
	0.1211	970.8	2.850	55.3
	0.1311	814.8	3.098	46.2
	0.1512	673.8	3.480	39.3
	0.1658	543.0	3.730	32.4
	0.1934	412.2	4.170	25.6

续表

预设压差值 Δp /MPa	进水含沙量 S /(g/L)	过滤时间 t /s	排污含沙量 S_p /(g/L)	排污时间 t_0 /s
	0.0874	1012.8	3.160	37.6
	0.1211	981.0	3.670	43.4
	0.1311	837.0	4.190	35.1
0.1	0.1512	681.0	4.510	30.6
	0.1658	550.2	5.130	23.8
	0.1934	421.2	5.530	19.8

综上，80 目和 120 目鱼雷网式过滤器最佳排污时间的确定与微灌工程上常用的自清洗网式的有所不同，因为鱼雷部件的存在完全改变了过滤器内部流态和泥沙处理性能，而且准确确定其排污时间的难度也较大。至今采用的排污时间理论计算经验公式是在砂石过滤器排污时间计算经验公式的基础上推导出来的，当其适用于鱼雷网式过滤器的排污时间计算时，必须考虑鱼雷部件的泥沙聚集作用和冲洗排污时的排出污物能力等指标，着眼这些因素，如上文所论述，通过室内多次重复试验和理论计算分析，得出 80 目和 120 目鱼雷网式过滤器的最佳排污时间范围是 40～50s，其理论计算经验公式分别为 $t_0 = 2.5\dfrac{St}{S_p}$ 和 $t_0 = 1.3\dfrac{St}{S_p}$。

3.3.6　排污流量的计算

排污流量是过滤器排污用水量的经济指标，骆秀萍[205]对自清洗网式过滤器排污流量计算方法进行了分析，本书应用其分析原理，提出鱼雷网式过滤器排污流量计算方法，鱼雷网式过滤器排污和灌溉同时进行，对过滤器进水口 1-1 断面和排污口 3-3 断面（图 3.25）列能量方程：

$$z_1 + \frac{p_1}{\rho g} + \frac{v_1^2}{2g} = z_2 + \frac{p_3}{\rho g} + \frac{v_3^2}{2g} + \sum\xi\frac{v_3^2}{2g} \tag{3.28}$$

式中：取出水口 0-0 断面高程为基准点；z_1 为过滤器进口 1-1 断面相对高程，m；z_3 为过滤器排污出口 3-3 断面相对高程，m；p_1 为进口 1-1 断面处压强，Pa；p_3 为排污出口 3-3 断面处的压强，Pa；v_1 为进口 1-1 断面处的平均流速，m/s；v_3 为排污出口 3-3 断面处的平均流速，m/s；g 为重力加速度，m/s²；$\sum\xi$ 为过滤器总的局部水头损失系数。

由于进水口和排污口在同一水平面上，因此，$z_1 = z_3$；另外排污口流入大气，$p_3 = 0$。当过滤器开始排污时，1-1、2-2、3-3 断面处的流量关系可表达为

$$Q_1 = Q_2 + Q_3$$

得：
$$A_1 v_1 = A_2 v_2 + A_3 v_3 \tag{3.29}$$

假设：$Q_3 = fQ_1$；可以得出：$A_3 v_3 = fA_1 v_1$；式（3.28）变为

$$\frac{p_1}{\rho g} = \left[1 + \sum\xi - \left(\frac{A_3}{fA_1}\right)^2\right]\frac{v_3^2}{2g} \tag{3.30}$$

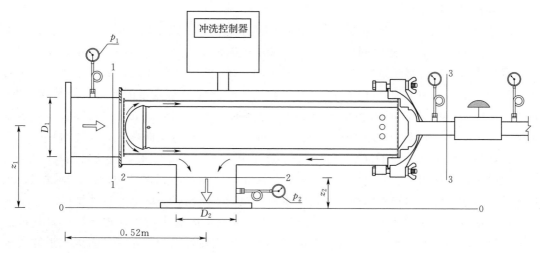

图 3.25 鱼雷网式过滤器排污流量计算示意图

则

$$v_3 = \frac{\sqrt{\dfrac{2gp_1}{\rho g}}}{\sqrt{1 + \sum \xi - \left(\dfrac{A_3}{fA_1}\right)^2}} \tag{3.31}$$

式中：A_1、A_3 分别为过滤器进口及排污口断面面积，m^2；f 为排污流量和进口流量的比值，根据试验（$\leqslant 0.1$）。令

$$\alpha = \frac{1}{\sqrt{1 + \sum \xi - \left(\dfrac{A_3}{fA_1}\right)^2}} \tag{3.32}$$

则过滤器排污流量计算公式为

$$Q_p = \alpha A_3 \sqrt{\frac{2gP_1}{\rho g}} \tag{3.33}$$

从式（3.32）可以看出，流量系数 α 与过滤器总水头损失系数、进口与排污口面积比有关。由式（3.33）可知，鱼雷网式过滤器排污流量与过滤器内外部大气之间压力水头差和排污流量系数有关。

3.4 本章小结

本章主要对 80 目和 120 目鱼雷网式过滤器出水口位置在不同边界条件下对其进行浑水试验，并得出以下结论：

（1）分别观测 80 目和 120 目鱼雷网式过滤器定进水含沙量（80 目，$S = 0.1420g/L$；120 目，$S = 0.1211g/L$）和不同进水流量时 3 种出水口位置的鱼雷滤网水头损失随进水流量和过滤时间的变化以及过滤时间随进水流量变化规律。在 5 个不同进水流量（$240m^3/h$、$270m^3/h$、$300m^3/h$、$330m^3/h$ 及 $360m^3/h$）的情况下，水头损失随进水流量的增大而增大，其水头损失随过滤时间的变化呈现以初始水头损失值为基准基本保持不变、逐渐减小及逐步增长和迅猛增大等 3 个阶段。

80 目和 120 目鱼雷滤网过滤器过滤时间随出水口位置和进水流量的变化而变化；出水口在 0.52m 位置时的过滤时间远远大于 0.72m 和 0.92m，这主要是因为出水口在 0.52m 的位置离滤网末端堵塞开始区域的距离相比于 0.72m 和 0.92m 较远，滤网堵塞所需时间较长。当出水口位置在 0.52m 和 0.72m 时，过滤时间随进水流量的变化规律基本一致，则进水流量在 240～300m³/h 范围内变化时，过滤时间随进水流量的增大而变长，进水流量在 300～360m³/h 范围内变化时，过滤时间随进水流量的增大而缩短；在此两种出水口边界条件下，80 目和 120 目鱼雷网式过滤器进水流量为 300m³/h 时，过滤时间均为最长；其他试验边界条件相同的情况下，这主要是取决于过滤器过滤元件结构设计，即滤网、鱼雷部件、鱼雷部件末端和头部预设的污物流入孔及清水流出孔等的结构尺寸设计。

当出水口在 0.92m 的位置时，过滤时间随进水流量的稳步增大而逐步减小，其过滤时间相比于前面两种出水口边界条件时的短得多，这主要是因为出水口位置太靠近滤网末端堵塞始于区域，而且鱼雷部件还没能够充分发挥除沙作用，滤网就在很短的时间内堵塞。综上，在进水流量基本保持不变 300m³/h 的前提下，出水口在 0.52m 的位置是 80 目和 120 目鱼雷滤网过滤器最佳的出水口边界条件，因过滤器此时的过滤时间最长和过滤效果最佳。

（2）为了充分体现鱼雷部件对 80 目和 120 目鱼雷滤网过滤时间的显著影响，在本文专门对滤网内无鱼雷部件情形时进行浑水试验。由水头损失变化图和过滤时间对照表可知，虽然相应于各进水流量的水头损失小于滤网内装有鱼雷部件时的水头损失，但过滤时间短得很多，从此可知，鱼雷部件对延长过滤时间和提高过滤效率方面起到重要的作用。

（3）出水口位置在 0.52m 的边界条件和进水流量保持稳定 300m³/h 的情况下，改变两组 6 个不同进水含沙量，即 80 目鱼雷网式过滤器：0.1214g/L、0.1420g/L、0.1803g/L、0.2755g/L、0.3581g/L 及 0.3935g/L；120 目鱼雷网式过滤器：0.0874g/L、0.1211g/L、0.1311g/L、0.1512g/L、0.1658g/L 及 0.1934g/L，对 80 目和 120 目鱼雷网式过滤器进行试验，并得出水头损失随过滤时间的变化规律及过滤时间随进水含沙量的变化规律。80 目鱼雷滤网的初始水头损失大于 120 目，这主要是鱼雷部件提高滤网轴向流速而滤网粗糙度起到关键作用的缘故，即 80 目滤网粗糙度大，引起的水头损失大，120 目滤网与之相反。水头损失随过滤时间的变化过程与一定进水含沙量和不同进水流量时基本一致，即呈现 3 个不同变化阶段：试验开始一段时间内以保持初始水头损失发展阶段、逐渐减小阶段以及逐步增长和急剧变化阶段。水头损失达到 4.0m 时曲线发生拐点，之后水头损失急剧升高，滤网很快就堵塞；显而易见，水头损失达到 4.0m 时，需及时对过滤器进行冲洗排污，故其作为最佳预设排污压差值。进水含沙量越大，80 目和 120 目鱼雷滤网过滤器的过滤时间越短，反之亦然。

（4）80 目和 120 目鱼雷网式过滤器最佳预设压差值的确定一般采用理论计算和试验研究方法。在微灌工程常用自清洗网式过滤器压降计算的基础上，得出 80 目和 120 目鱼雷网式过滤器的滤网和滤饼总压降计算表达式（3.14）及式（3.16）：

$$\Delta p_1 = \frac{64\mu v_m L}{d_m}(1-\varepsilon)^{1.5}\left[1+56(1-\varepsilon)^3\right]$$

$$\Delta p_2 = \frac{36\mu uL}{r}(1-\varepsilon)^{1.5}\left[1+56(1-\varepsilon)^3\right]$$

于是，利用上式计算可得计算 80 目和 120 目鱼雷滤网的总压降范围，即 80 目：38340.50～131257.98Pa（3.8～13.1m），120 目 52549.58～200875.28Pa（5.3～20.1m）。试验压降变化范围在 32000～105000Pa（3.2～10.5m），是在理论计算总压降计算范围内；室内浑水试验结果表明，水头损失达到 4.0m 时曲线出现拐点，这意味着滤网将会在很短的时间内堵塞，与此同时，此值在过滤器总压降变化范围之内，故将压差 0.04MPa 作为最佳排污压差值。

（5）基于前人的研究成果，通过室内试验研究和理论计算方法，得到 80 目和 120 目鱼雷网式过滤器最佳排污时间。在试验过程中，按照试验方案，则在进水流量基本稳定为 300m³/h、预设 4 个不同压差值及改变两组 6 个不同进水含沙量的情况下，对 80 目和 120 目鱼雷滤网过滤器进行排污试验，试验结果表明，排污含沙量在 40～50s 时段内基本上达到稳定，同时排污效果最佳，故此冲洗排污时段初步视为最佳排污时间。经理论分析推导出 80 目 120 目鱼雷滤网过滤器的排污计算公式分别为 $t_0 = 2.5\dfrac{St}{S_p}$ 和 $t_0 = 1.3\dfrac{St}{S_p}$，并用此式计算可得理论排污时间，即 80 目和 120 目鱼雷网式过滤器理论计算排污时间分别在 40～70s 和 20～70s 范围内，显而易见，这与试验获得的最佳排污时间 40～50s 基本接近。因此，结合试验研究和理论计算分析结果，确定排污时间 40～50s 是最为宜。

第4章 数值模拟方法及模型验证

4.1 概述

鱼雷网式过滤器的罐体为封闭状，无法观察其内部水流的运动现象，也很难通过现有的测试手段（如 PIV 或 LDP）来测量其速度场。但随着计算机的广泛应用以及计算机容量的增大，仿真模拟流动已具有很高的可靠性和准确度。故采用计算流体力学软件对鱼雷网式过滤器中的流场进行数值模拟不失为一种有效的方法。本章重点介绍湍流方程、数值模拟计算方法、确定边界条件，并通过试验数据验证所应用的模型。

4.2 控制方程及湍流模型

4.2.1 流体运动基本方程

对于不可压缩流体运动，由雷诺时均方程表示连续方程和动量方程：

$$\frac{\partial u_i}{\partial x_i} = 0 \tag{4.1}$$

$$\frac{\partial u_i}{\partial t} + u_j \frac{\partial u_i}{\partial x_j} = -\frac{1}{\rho} \frac{\partial p}{\partial x_i} + \mu_t \frac{\partial^2 u_i}{\partial x_j \partial x_j} - \frac{\partial}{\partial x_j}(\overline{u_i' u_j'}) \tag{4.2}$$

式中：u_i、u_j 分别为 i、j 方向的流速，m/s；x_j 为 j 坐标；ρ 为密度，kg/m³；p 为流体压力，N/m²；$\overline{u_i' u_j'}$ 为雷诺应力。

4.2.2 湍流模型

湍流的数值模拟目前方法有直接模拟（DNS）和非直接模拟。直接模拟（DNS）法目前只能计算较简单的湍流。工程上常用的湍流数值模拟是非直接模拟。

在方程式（4.2）中的脉动速度相关距即为雷诺应力。它是一个二节张量，代表湍流涡团脉动所引起的穿越流体单位面积上的动力运输率，是一个未知量。由于对N-S方程取平均而导致雷诺应力这一新的未知量的出现，是原本封闭的（层流的）流体力学基本方程组变得不封闭。所谓湍流模拟或湍流数学模型的根本任务就是通过一定的假设，建立关于雷诺应力的数学表达式或可以求解的运输方程。换言之，对雷诺应力做出各种不同的物理假设，使它与湍流平均流的参数相联系，通过这一变化过程，就得出湍流的各种半经验理论。表 4.1 给出了工程上常用的非直接数值模拟的湍流模型。

表 4.1	湍 流 模 型		
	基于雷诺时均方程（RANS）		
经典模型	1. 零方程模型 2. 一方程模型 3. 两方程模型——k-ε model 4. 雷诺应力模型		
大涡模拟（LES）	基于空间滤波方程		

1872 年，布辛涅斯克就提出了用涡黏性系数来模拟雷诺应力：

$$-\rho \overline{u_i' u_j'} = \mu_t \left(\frac{\partial U_i}{\partial x_j} + \frac{\partial U_j}{\partial x_i} \right) - \frac{2}{3} k \delta_{ij} \tag{4.3}$$

式中：μ_t 为湍动黏度；k 为湍动能，$\mathrm{m}^2/\mathrm{s}^2$；当 $i=j$，$\delta_{ij}=1$；当 $i \neq j$，$\delta_{ij}=0$。

$$k = \frac{\overline{u_i' u_j'}}{2} = \frac{1}{2} \left(\overline{u'^2} + \overline{v'^2} + \overline{w'^2} \right) \tag{4.4}$$

依据确定 μ_t 的微分方程数目的多少，涡黏性模型包括：零方程、一方程、两方程。

4.2.2.1 零方程模型

依据混合长度理论，零方程模型中湍动黏度设定为：$\mu_t = l_m^2 \left| \dfrac{\partial u}{\partial y} \right|$；湍流应力表示成为：$-\rho \overline{u'v'} = \rho \mu_t \dfrac{\partial u}{\partial y}$；混合长度 l_m 由经验公式或实验确定。零方程模型直观简单，对于如射流、混合层、扰动和边界层带有薄的剪切层的流动有效，对于复杂流动则很难确定 l_m，且不能用于带有分离及回流的流动。

4.2.2.2 一方程模型

一方程模型：假设 $\mu_t = \rho C_\mu \sqrt{k} l$；$k$ 方程由下式给出：

$$\frac{\partial(\rho k)}{\partial t} + \frac{\partial(\rho k u_i)}{\partial x_i} = \frac{\partial}{\partial x_j} \left[\left(\mu + \frac{\mu_t}{\sigma_k} \right) \frac{\partial k}{\partial x_j} \right] + \mu_t \left(\frac{\partial u_i}{\partial x_j} + \frac{\partial u_j}{\partial x_i} \right) \frac{\partial u_i}{\partial x_j} - \rho C_d \frac{k^{\frac{3}{2}}}{l} \tag{4.5}$$

一方程模型考虑到湍流的对流运输和扩散运输，比零方程模型更为合理。

4.2.2.3 两方程模型（k-ε）

1. 标准 k-ε

标准 k-ε 模型由 Launder 和 Spalding[224] 提出，模型本身具有的稳定性、经济性和比较高的计算精度，使之成为湍流模型中应用范围最广、也最为人熟知的一个模型。该模型假定湍流为各项同性的均匀流，且为充分发展的湍流。

湍流黏度模型表示为：$\mu_t = \rho C_\mu \dfrac{k^2}{\varepsilon}$，其中 ε 为湍动耗散率，$\mathrm{m}^2/\mathrm{s}^3$。对于流动为不可压，且不考虑用户自定义的源项时：标准 k-ε 模型为

$$\frac{\partial(\rho k)}{\partial t} + \frac{\partial(\rho k u_i)}{\partial x_i} = \frac{\partial}{\partial x_j} \left[\left(\mu + \frac{\mu_t}{\sigma_k} \right) \frac{\partial k}{\partial x_j} \right] + G_k - \rho \varepsilon \tag{4.6}$$

$$\frac{\partial(\rho \varepsilon)}{\partial t} + \frac{\partial(\rho \varepsilon u_i)}{\partial x_i} = \frac{\partial}{\partial x_j} \left[\left(\mu + \frac{\mu_t}{\sigma_k} \right) \frac{\partial \varepsilon}{\partial x_j} \right] + \frac{C_{1\varepsilon}}{k} G_k - C_{2\varepsilon} \rho \frac{\varepsilon^2}{k} \tag{4.7}$$

其中：

$$G_k = \mu_t \left(\frac{\partial u_i}{\partial x_j} + \frac{\partial u_j}{\partial x_i} \right) \frac{\partial u_i}{\partial x_j} \tag{4.8}$$

其中，G_k 湍流流动动能平均速度梯度产出项；另外标准模型需要确定 5 个常数 C_μ、σ_k、σ_ε、$C_{\varepsilon 1}$、$C_{\varepsilon 2}$；Launder and Spalding 给出常数见表 4.2。

表 4.2　　　　　　　　　　　　　　　　　标准 k-ε 模型常数

C_μ	σ_k	σ_ε	$C_{\varepsilon 1}$	$C_{\varepsilon 2}$
0.09	1.00	1.30	1.44	1.92

标准 k-ε 模型通过求解湍流动能（k）方程和湍流耗散率（ε）方程，得到 k 和 ε 的解，然后再用 k 和 ε 的值计算湍流黏度 μ_t，最终通过 Boussinesq 假设得到雷诺应力的解。标准模型假定湍流为各向同性的均匀湍流，所以在旋流等非均匀湍流问题的计算中存在较大误差，因此后来又发展出很多 k-ε 模型的改进模型，其中包括 RNG k-ε 模型和 Realizable k-ε 模型等衍生模型。

2. RNG k-ε 模型

RNG k-ε 模型通过修正湍动黏度，考虑了平均流动中的旋转及旋流流动情况；在 ε 方程中增加了一项，从而反映了主流的时均应变率 E_{ij}，这样，模型中产生项不仅与流动情况有关，而且在同一问题中也是空间坐标的函数。从而，RNG k-ε 模型可以更好地处理高应变率及流线弯曲程度较大的流动。

$$\frac{\partial(\rho k)}{\partial t} + \frac{\partial(\rho k u_i)}{\partial x_i} = \frac{\partial}{\partial x_j} \left(\alpha_k \mu_{eff} \frac{\partial k}{\partial x_j} \right) + G_k - \rho \varepsilon \tag{4.9}$$

$$\frac{\partial(\rho \varepsilon)}{\partial t} + \frac{\partial(\rho \varepsilon u_i)}{\partial x_i} = \frac{\partial}{\partial x_j} \left(\alpha_\varepsilon \mu_{eff} \frac{\partial \varepsilon}{\partial x_j} \right) + \frac{C_{1\varepsilon}^* \varepsilon}{k} G_k - C_{2\varepsilon} \rho \frac{\varepsilon^2}{k} \tag{4.10}$$

其中：

$\mu_{eff} = \mu + \mu_t$，

$\mu_t = \rho C_\mu \dfrac{k^2}{\varepsilon}$，$\quad C_\mu = 0.0845$，$\alpha_k = \alpha_\varepsilon = 1.39$

$C_{1\varepsilon}^* = C_{1\varepsilon} - \dfrac{\eta(1 - \eta/\eta_0)}{1 + \beta \eta^3}$，$\; C_{1\varepsilon} = 1.42$，$C_{2\varepsilon} = 1.68$，

$\eta = (2 E_{ij} E_{ij})^{1/2} \dfrac{k}{\varepsilon}$，$\; E_{ij} = \dfrac{1}{2} \left(\dfrac{\partial u_i}{\partial x_j} + \dfrac{\partial u_j}{\partial x_i} \right)$，$\; \eta_0 = 4.377$，$\beta = 0.012$

需要注意的是，该模型仍是针对充分发展的湍流有效，即是高雷诺数的湍流模型。在模拟弯曲、漩涡和旋转流动方面，RNG k-ε 湍流模型和 Realizable k-ε 湍流模型的模拟效果都比标准 k-ε 模型强。但 Realizable k-ε 湍流模型较新，还没有足够的实践应用证明它比 RNG k-ε 湍流模型更适用，因此，本数值模拟研究也用经验较丰富的 RNG k-ε 湍流模型来研究过滤器内部的湍流问题。

4.2.3　边界条件

过滤器边界条件主要分为进口边界、出口边界，以及过滤器罐体、鱼雷部件表面。本

研究过滤器进口设为流速进口，水流方向与 X 轴正方向一致，设置进口边界条件为 $U=u$，$V=W=0$，u 为过滤器进水口断面的平均流速。过滤器出水管为压力出口边界条件，出口压力为总压力处理。过滤器罐体及鱼雷均按照固壁定律处理。

4.2.4 多孔介质模型

本文引入多孔介质模型将替代滤网计算，即将滤网部分计算域定义为多孔介质区域。多孔介质模型就是在动量方程中增加了一个能代表多孔介质对流体的阻力项——动量源项 S_i。源项由两部分组成：①黏性损失项（Darcy）；②惯性损失项。

$$S_i = -\left(\frac{\mu}{\alpha}u_i + \frac{1}{2}C_2\rho|u|u_i\right) \quad (i = x, y, z) \tag{4.11}$$

式中：S_i 为动量方程附加动量源项，N/m^3；μ 为流体黏度，$Pa \cdot s$；C_2 为惯性阻力系数。

当流体流速较高时（湍流状态），常忽略黏性损失项，只保留惯性损失项，则流体通过多孔介质 3 个方向上的压力降可表示为

$$\Delta p_i = \frac{1}{2}\Delta n_i\rho u_i|u| \tag{4.12}$$

式中：Δp_i 为流体流过多孔介质上的压力降，Pa；Δn_i 为多孔介质在 3 个坐标方向的厚度，m。

在计算多孔介质模型时，需要在计算前设定两个参数，即黏性阻力系数 C_1（即 $1/\alpha$）和惯性阻力系数 C_2，本文采用以下经验公式确定以上参数：

$$C_1 = \frac{150(1-\varepsilon)^2}{D^2\varepsilon^3} \tag{4.13}$$

$$\alpha = \frac{1}{C_1} \tag{4.14}$$

$$C_2 = \frac{3.5(1-\varepsilon)}{D\varepsilon^3} \tag{4.15}$$

式中：α 为渗透率，m^2；C_1 为阻力系数，m^{-2}；C_2 为惯性损失系数，m^{-1}；D 为滤网的孔直径，mm；ε 为孔隙比，%。

根据物理试验中采用的滤网参数，即 80 目滤网的孔直径 $D=0.2127mm$，孔隙比 $\varepsilon=33\%$，丝径 $d=0.1162mm$，根据给定的参数值，可计算得到 $a=6.63\times10^{-11}m^2$，$C_1=1.508\times10^{10}m^{-2}$，$C_2=137711m^{-1}$；120 目滤网的孔直径 $D=0.121mm$，孔隙比 $\varepsilon=26\%$，丝径 $d=0.0907mm$，根据给定的参数值，可计算得到 $a=1.61\times10^{-11}m^2$，$C_1=6.211\times10^{10}m^{-2}$，$C_2=380815m^{-1}$。

4.3 微分方程的离散化——有限体积法

4.3.1 通用微分方程

对于不可压缩定常流湍流方程，连续方程、运动方程、能量方程、湍动方程、湍动耗散率方程中，尽管变量不同，但它们都有相似的形式。可以用通用的形式表达：

$$\frac{\partial}{\partial x}\Big(u\phi - \Gamma\,\frac{\partial\phi}{\partial x}\Big) + \frac{\partial}{\partial y}\Big(v\phi - \Gamma\,\frac{\partial\phi}{\partial y}\Big) + \frac{\partial}{\partial z}\Big(w\phi - \Gamma\,\frac{\partial\phi}{\partial z}\Big) = S(\phi) \tag{4.16}$$

其中 $\phi = (u,\,v,\,w,\,k,\,\varepsilon)$ 是变量；对于连续方程：

$\phi = 1,\ \Gamma = 0,\ S = 0$

对 u 动量方程：

$\phi = u,\ \Gamma = v + v_t$

$$S(u) = -g\,\frac{\partial Z_b}{\partial x} - \frac{1}{\rho}\,\frac{\partial P}{\partial x} + \frac{\partial}{\partial x}\Big(v_t\,\frac{\partial u}{\partial x}\Big) + \frac{\partial}{\partial y}\Big(v_t\,\frac{\partial v}{\partial x}\Big) + \frac{\partial}{\partial z}\Big(v_t\,\frac{\partial w}{\partial x}\Big) \tag{4.17a}$$

对 v 动量方程：

$\phi = v,\ \Gamma = v + v_t$

$$S(v) = -g\,\frac{\partial Z_b}{\partial y} - \frac{1}{\rho}\,\frac{\partial P}{\partial y} + \frac{\partial}{\partial x}\Big(v_t\,\frac{\partial u}{\partial y}\Big) + \frac{\partial}{\partial y}\Big(v_t\,\frac{\partial v}{\partial y}\Big) + \frac{\partial}{\partial z}\Big(v_t\,\frac{\partial w}{\partial y}\Big) \tag{4.17b}$$

w 动量方程：

$\phi = v,\ \Gamma = v + v_t$

$$S(w) = -g\,\frac{\partial Z_b}{\partial z} - \frac{1}{\rho}\,\frac{\partial P}{\partial z} + \frac{\partial}{\partial x}\Big(v_t\,\frac{\partial u}{\partial z}\Big) + \frac{\partial}{\partial y}\Big(v_t\,\frac{\partial v}{\partial z}\Big) + \frac{\partial}{\partial z}\Big(v_t\,\frac{\partial w}{\partial z}\Big) \tag{4.17c}$$

k 湍动能方程：

$$\phi = k,\ \Gamma = v + v_t/\sigma_k$$
$$S(k) = \mathrm{Prod} - \varepsilon \tag{4.17d}$$

ε 湍流耗散率方程：

$$\phi = \varepsilon,\ \Gamma = v + v_t/\sigma_\varepsilon$$
$$S(\varepsilon) = \frac{\varepsilon}{k}(C_{1\varepsilon}\mathrm{Prod} - C_{2\varepsilon}\varepsilon) \tag{4.17e}$$

$$\mathrm{Prod} = -\overline{u_i u_j}\,\frac{\partial U_i}{\partial x_j}$$

4.3.2　交错网格法

交错网格是指将压力-速度耦合方程中不同的变量离散式存储在不同的网格系统，标量（压力）存储在以节点中心的控制容积内，而矢量（速度）按其方向存储在与主控制容积相差半个网格步长的错位控制容积中。图 4.1 表示错位网格和控制容积，计算中心点为 p，上、下、左、右 分别用 N、S、W、E 表示，用小写字母代表虚线网格，虚线网格代表控制体界面。图中实心点是用量计算压力、湍动能、湍流耗散率的网格，带箭头的点是计算流速的网格。

4.3.3　微分方程离散化

有限体积法关键是将计算区域划分为一系列不重复的控制体积，将待解决的微分方程对每个控制体积积分，得到一组离散方程。通过控制容积每个表面的总的通量（对流和扩散）可用下式表示：

$$J_i = u_i\phi - \Gamma\,\frac{\partial\phi}{\partial x_i} \tag{4.18}$$

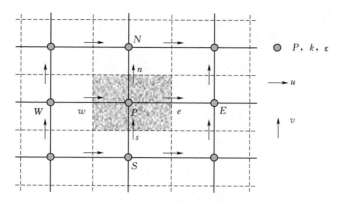

图 4.1 交错网格和控制容积

这里 i 表示控制容积表面 e、w。将方程式（4.16）对控制体积 δV 积分得：

$$J_e A_e - J_w A_w + J_n A_n - J_s A_s + J_t A_t - J_b A_b = \bar{S}\,\delta V \tag{4.19}$$

式中：A_s 为控制容积的不同的面；$\bar{S}$ 为平均源项。

如果源项中含有未知变量，则源项表示为

$$\bar{S} = S_c + S_p \phi_P \tag{4.19a}$$

式中：S_c 为常数；S_p 为随时间和物理量 ϕ_P 变化项。

有限体积法常用的离散格式有中心差分、一阶迎风格式、混合格式、指数格式、乘方格式、二阶迎风格式、QUICK 格式。对于不同的离散格式总通量有不同的表达形式。对于总的通量扩散项计算控制容积界面处的变量采用中央差分格式，而对于对流项在某些计算参数条件下的数值计算结果很不合理，必须谨慎选择。控制体各面上的通量可以用下式表示（以界面 e 和界面 w 为列）：

$$J_e A_e = F_e \phi_P + [D_e A(\,|\,Pe_e\,|\,) + \|-F_e, 0\,\|](\phi_P - \phi_E)$$
$$J_w A_w = F_w \phi_P + [D_w A(\,|\,Pe_w\,|\,) + \|\,F_w, 0\,\|](\phi_P - \phi_W) \tag{4.19b}$$

式中：F 为通过界面上单位面积的对流质量通量，简称对流质量流量；D 为界面的扩散传导性，Pe 为 Peclet 数，表示对流与扩散的强度比，即 $Pe = F/D$，

$$\begin{cases} F = \rho u \\ D = \dfrac{\Gamma}{\delta x} \end{cases} \tag{4.19c}$$

符号 $\|\,a, b\,\|$ 表示在 a、b 中取大值。$A(\,|\,Pe\,|\,)$ 表示随对流项的差分方式不同而变化的函数，见表 4.3。

表 4.3 $A(\,|\,Pe\,|\,)$ 函数的表达式

格式	$A(\,|\,Pe\,|\,)$
中央差分	$1 - 0.5\,|\,Pe\,|$
迎风差分	1
混合差分	$\|\,0, 1 - 0.5\,|\,Pe\,|\,\|$
乘方差分	$\|\,0, (1 - 0.1\,|\,Pe\,|)^5\,\|$
指数差分	$|\,Pe\,| \,/\, [\exp(\,|\,Pe\,|\,) - 1]$

同样可以写出 J_n、J_s、J_t、J_b 相同的表达式，把方程式（4.19a）和方程式（4.19b）带入方程式（4.19）就可以得到离散方程：

$$a_P\phi_P = a_E\phi_E + a_W\phi_W + a_N\phi_N + a_S\phi_S + a_T\phi_T + a_B\phi_B + b \tag{4.20}$$

其中：

$$
\begin{aligned}
a_E &= D_eA(|Pe_e|) + \| -F_e, 0 \| \\
a_W &= D_wA(|Pe_w|) + \| F_w, 0 \| \\
a_N &= D_nA(|Pe_n|) + \| -F_n, 0 \| \\
a_S &= D_sA(|Pe_s|) + \| F_s, 0 \| \\
a_T &= D_tA(|Pe_t|) + \| -F_t, 0 \| \\
a_B &= D_bA(|Pe_b|) + \| F_b, 0 \|
\end{aligned}
\tag{4.20a}
$$

即

$$
\begin{aligned}
a_P &= a_E + a_W + a_N + a_S + a_T + a_B - S_P\,\delta V \\
b &= S_c\,\delta V
\end{aligned}
\tag{4.20b}
$$

以上为离散方程简化过程，下一步就是解离散方程式（4.20）。

4.3.4　SIMPLE 算法

在方程式（4.1）中没有关于压强 P 的独立方程，压力是作为源项出现在动量方程中，如方程式（4.17a）～式（4.17c）源项中的压力梯度 $\partial P/\partial x_i$，而压力和速度的耦合关系隐含连续方程中，这样一来压力场如何（单独）求解，如何依据以前的速度场计算值来改进压力场就成为计算过程的一个障碍。为解决计算压力-速度耦合中的难点，Patankar 和 Spalding 提出一种压力预测-修正方法，称为 SIMPLE（Semi - Implicit Method for Pressure - Linked Equations）。它是通过不断地修正计算结果，反复迭代，最后求出 p、u、v 的收敛解。

从通用离散方程式（4.20）速度动量方程可以用下式表示（以 u_e 为例）：

$$a_eu_e = \sum a_{nb}u_{nb} + b + A_e(P_P - P_E) \tag{4.21}$$

假设 P^* 为一个压力分布，P' 为压力修正量，根据假设的压力分布 P^* 可得速度分布 u^*，u' 速度修正量，则：

$$
\begin{aligned}
P &= P^* + P' \\
u &= u^* + u'
\end{aligned}
$$

从假设的压力场 P^*，速度场可以从下式得到：

$$a_eu_e^* = \sum a_{nb}u_{nb}^* + b + A_e(P_P^* - P_E^*) \tag{4.22}$$

从方程式（4.19）中减去方程式（4.20）则速度修正量的表达式为

$$a_eu_e' = \sum a_{nb}u_{nb}' + A_e(P_P' - P_E') \tag{4.23}$$

SIMPLE 算法假设 $\sum a_{nb}u_{nb}'$ 可以忽略不计，则速度修正后的速度为

$$u_e = u_e^* + d_e(P_P' - P_E'), \quad d_e = A_e/a_e \tag{4.24}$$

同理可以得到 v 和 w 修正值。

上式中仅考虑了动量方程，由动量方程计算出的速度场必须满足连续方程。将速度修正值带入离散化的连续方程就可以得到压力修正方程。如下式：

$$a_P P'_P = a_E P'_E + a_W P'_W + a_N P'_N + a_S P'_S + a_T P'_T + a_B P'_B + b \qquad (4.25)$$

其中：

$$
\begin{aligned}
a_E &= (Ad)_e \\
a_W &= (Ad)_w \\
a_N &= (Ad)_n \\
a_S &= (Ad)_s \\
a_T &= (Ad)_t \\
a_B &= (Ad)_b
\end{aligned}
\qquad (4.25a)
$$

$$
\begin{aligned}
a_P &= a_E + a_W + a_N + a_S + a_T + a_B \\
b &= (u^* A)_w - (u^* A)_e + (u^* A)_e - (u^* A)_n + (u^* A)_b - (u^* A)_t
\end{aligned}
\qquad (4.25b)
$$

SIMPLE 算法的计算步骤如下：

（1）给出所有的变量 P^*、u^*、v^*、w^* 及 ϕ^* 的假设值。

（2）求解离散动量方程式（4.22）。

（3）解压力修正方程式（4.25）。

（4）修正压力场及速度场式（4.24）。

（5）求解其他离散运输方程。

（6）把修正后速度、压力及得到的其他变量的值，带到步骤（2），反复迭代计算，直到收敛为止。

4.4　过滤器立体模型建立及网格划分

数值模拟的方法根据实际情况可做出理想的模型，以图 4.2 表示鱼雷网式过滤器的立体模型，过滤器的长度方向为 X 坐标，宽度方向为 Z 坐标，高度方向为 Y 坐标，水流沿

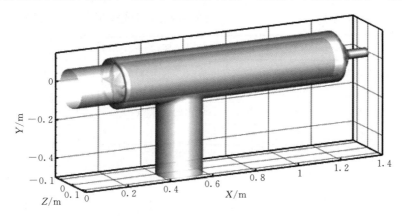

图 4.2　鱼雷网式过滤器的立体模型

X 轴正方向流进过滤器。对建立的几何模型，用 Gambit2.2 进行网格划分，为减少数值模拟的计算工作量和保证计算精度，对计算网格进行优化。将过滤器的网格进行分块划分，进口、冲洗口因为结构简单，采用六面体结构性网格，其余部分采用四面体非结构网格（图 4.3），网格总数为 227354 个，分别生成网格后调入 Fluent14.5 进行计算。

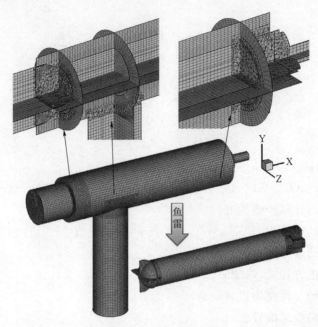

图 4.3　网格划分图

4.5　数学模型的验证

为了保证数值模拟计算结果的可靠性，清水作为水源进行试验并得到不同流量下进出口压力降关系，并与数值模拟结果进行对比。表 4.4 为物理实验与数值模拟结果的水头损失对比情况，从表中可知，进水流量为设计额定流量时，数值计算与物理实验结果的相对误差为 2.62%，且最大误差小于 10%，说明数值模拟与试验结果吻合度较高。

表 4.4　　　　　　　　　　　　　结　果　对　比

流量 $Q/(\text{m}^3/\text{h})$	试验进口压强 /Pa	试验出口压强 /Pa	计算进口压强 /Pa	计算出口压强 /Pa	计算水头损失 /m	试验水头损失 /m	相对误差 /%
240	233000	217000	244536.45	222547.81	2.244	2.314	3.02%
270	221000	199000	233499.58	206411.2	2.764	2.926	5.53%
300	207000	179000	221791.94	188028.23	3.445	3.538	2.62%
330	191000	157000	205939.73	165841.38	4.092	4.150	1.41%
360	173000	130000	187292.5	140594.75	4.765	5.069	5.99%

根据所得结果求出过滤器流量-水头损失关系曲线（图 4.4），根据数值模拟结果拟定

出过滤器流量与水头损失的关系式为：$H_w = 0.00008Q^{1.8779}$，其中，H_w 为水头损失，m；Q 为流量，m^3/h；试验结果和模拟结果的指数相差不大，水头损失系数相差很小，可忽略不计；水头损失拟合经验公式相关系数 R^2 均大于 0.99。计算结果和物理实验结果吻合较好，说明所选模型及参数合理。

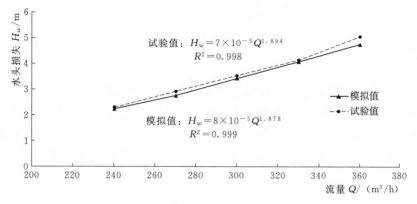

图 4.4 模拟压降和实测压降对比

4.6 本章小结

（1）简要论述了目前工程上常用的湍流模型，并根据各种模型的使用条件，选择 RNG k-ε 模型作为本课题的数学模型。

（2）重点论述了有限体积法（FVM）及 SIPMPLE 解法及交错网格。

（3）对鱼雷网式过滤器计算区域进行网格划分，并确定了各类边界条件。

（4）最后应用试验数据对数值模拟结果进行验证，试验结果和模拟结果的指数相差不大，水头损失系数相差甚小，水头损失拟合经验公式相关系数 R^2 均大于 0.99。计算结果和物理实验结果吻合较好，说明所选模型及参数合理。

第5章 鱼雷网式过滤器内部流场的数值模拟

5.1 概述

本章将应用数值模拟的方法分析鱼雷网式过滤器内部流场，对鱼雷网式过滤器过滤原理进行分析。并针对不同出水口位置（0.52m、0.72m、0.92m；由于受过滤器尺寸结构的限制，本研究只选择了这3种位置，即出水口在上游、中间、下游）；流量变化范围设为在30～450m³/h，过滤网目数分别80目、120目等条件下，对过滤器内部流速、压力分布及湍动分布情况进行分析。

5.2 鱼雷网式过滤器内部流场分析

为了得到鱼雷网式过滤器内部流场分布规律，我们首先对出口位置 $X=0.52$m，流量为300m³/h，滤网目数为80目的过滤器，清水条件下进行了数值模拟分析。为了便于说明，分别在滤网内、外各取不同直线，观测直线上流速沿 X 轴分布的情况。图5.1中表示滤网上、下取的观测线位置。

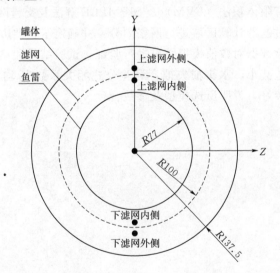

图5.1 滤网内、外观测点的位置（单位：mm）

5.2.1 过滤器内部速度场分析

图5.2为过滤器不同平面速度矢量图，由图5.2可以看出，水流从进水管处均匀地流向鱼雷网式过滤器中，当水流流经鱼雷头部时，水流速度分布特性发生了改变，水流从鱼

雷头部的上半部分流入上滤网内侧，通过滤网孔进行过滤，而鱼雷头部的下半部分水流则进入下滤网内侧进行过滤。当突然遇到出水口边界时，流速分布发生了巨大的变化，水流由沿 X 轴正向运动快速转变为沿出水管右侧斜向下运动，从而造成出水管左侧的部分区域产生旋涡。流速由进水口的 $2\sim3\text{m/s}$ 增大为 $4\sim5\text{m/s}$，这主要是因为水流进入罐体后过水面积突然缩小而产生流速激增。水流沿着滤网内侧向下游流动过程中流速逐渐减小，并在末端形成低流速区。另外，水流通过滤网后做反向运动，由于水流受到滤网的阻力作用，使得水流通过滤网后流速下降；并在过滤器上部（$X=0.2\sim0.4\text{m}$）滤网外侧有旋转掺混，最后在出水口汇集。

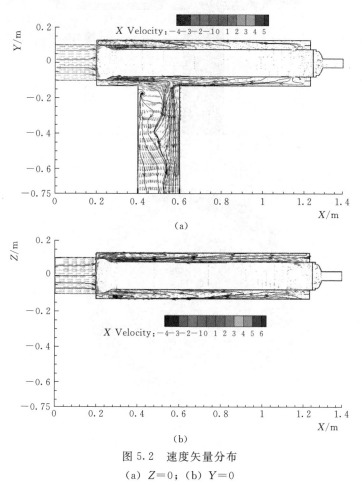

图 5.2　速度矢量分布
（a）$Z=0$；（b）$Y=0$

5.2.2　过滤器内部压力场分析

图 5.3 为过滤器不同平面压力分布图。从图 5.3 可知进水管的压力大于出水管的压力。因罐体中滤网和鱼雷的存在，以及出水口边界条件的影响，当水流从进水管流动至出水管处时，会发生局部水头损失和沿程水头损失，故当位置水头和流速水头一定时，进水管的压强大于出水管压强；另外在 $X=0.2\sim0.4\text{m}$ 处时，滤网上部的内、外压差较大，水流以很大的速度流动并经过滤网孔，从而造成滤网内、外压差较大，但 $X=0.4\text{m}$ 以后上

滤网的内、外压差较小，分布较均匀；$X=0.2\sim0.6$m 处时，滤网下部内、外压差较大，且影响范围很大。这是因为水流从鱼雷头部的下半部分进入滤网，并经过滤网孔，且在 $X=0.4\sim0.6$m 处存在出水口边界，故滤网内、外压差较大，影响范围大，而到 $X=0.6$m 处以后，下滤网的内、外压差较小，分布较均匀。

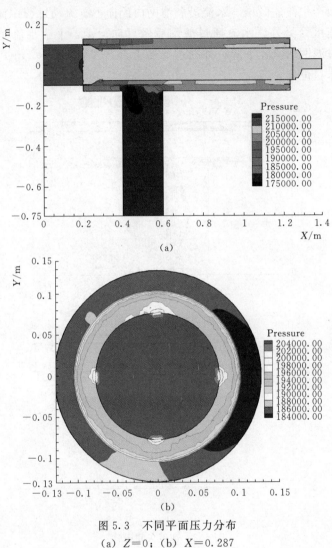

图 5.3　不同平面压力分布
(a) $Z=0$；(b) $X=0.287$

5.2.3　鱼雷部件内部水流分析

　　鱼雷作为鱼雷网式过滤器核心部件，其内部设计为空心。在其末端设有 8 个直径为 20mm 的圆孔，在其头部设有 4 个直径为 10mm 圆孔。图 5.4 为鱼雷内部水流平均流速矢量图。从图中可以看出，当过滤器开始工作时，水流从鱼雷尾部的小孔进入鱼雷内部，从鱼雷头部的小孔流出。水流在鱼雷内部掺混、流速减小。可以看出水中的泥沙颗粒随着水流进入鱼雷内部，并在鱼雷内部沉淀。这使得滤网内部水流中含沙量减少，也就是说鱼雷起到过滤泥沙的作用，从而延长过滤时间。

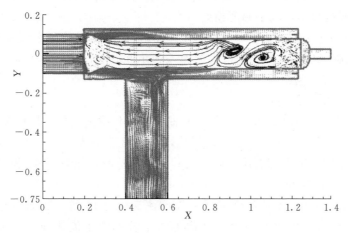

图 5.4 鱼雷内部流线

5.2.4 流速及压力讨论

水流流速沿 X 轴的变化曲线见图 5.5。

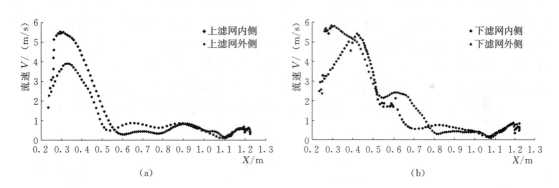

图 5.5 水流流速沿 X 轴的变化曲线
(a) 上滤网及其内、外侧的流速对比；(b) 下滤网及其内、外侧的流速对比

从图 5.5（a）中可得出：

（1）滤网上部内侧及外侧的水流流速沿 X 轴的变化分 3 个阶段。

1）流速迅速增加阶段。滤网上部内侧及外侧的水流流速都是沿 X 轴迅速增加，但增加幅度不一样，出现流速最大值及其在 X 轴的位置有所差别。如滤网上部内侧的增加幅度大于滤网上部外侧，滤网上部内侧 $X=0.29\text{m}$ 处水流流速最大，流速最大值为 5.53m/s；滤网上部外侧 $X=0.33\text{m}$ 处水流流速最大，流速最大值却为 3.9m/s。由于罐体中鱼雷的存在，过水断面面积突然由大变小，造成滤网上部内、外侧速度迅速上升。

2）流速迅速减小阶段。滤网上部内侧在 $X=0.3\sim0.6\text{m}$ 处流速沿 X 轴迅速减小；滤网上部外侧在 $X=0.33\sim0.54\text{m}$ 也沿 X 轴迅速减小，但减小幅度不如滤网上部内侧。

3）流速缓慢减小阶段。滤网上部内侧和外侧流速分别在 $X=0.6\sim1.2$m、$X=0.54\sim$ 1.2m 处沿 X 轴缓慢减小，减小幅度相差不大。

（2）当 $X=0.2\sim0.55$m 时，滤网上部内侧的水流流速比外侧水流流速大，但两者的流速差却沿 X 轴越来越小，两者的最大流速差为 1.62m/s；当 $X=0.55\sim1.2$m 时，滤网上部内、外侧的水流流速相同，流速差几乎为零。

从图 5.5（b）中可得出：

（1）滤网下部内、外侧的水流流速沿 X 轴的变化和滤网上部一样也包含 3 个阶段，但因出水口边界条件（$X=0.4\sim0.6$m）的影响，水流流速最大值发生的位置、最大流速值及流速的波动频率同滤网上部有所不同，尤其是滤网外侧，如滤网外侧的流速最大值发生在 $X=0.41$m 处，为 5.5m/s。

（2）$X=0.40\sim0.51$m 时，滤网下部外侧流速大于内侧，因通过滤网孔的所有水流最终要汇集到出水管的出水口处，从而加大了该处的水流流速值，而其他区域范围滤网下部内侧流速大于外侧；同滤网上部一样，其内、外流速相差很大，最大流速差为 2.567m/s。

综上，过滤器过滤过程中，滤网内、外侧的水流流速沿 X 轴方向分布都不均匀，如鱼雷尾部附近的滤网，其内、外侧流速相差较小，故水的渗透率较小。由于鱼雷部件的加入，使得滤网内部分成两个流速区域，即高速区域（$X=0.2\sim0.6$m）和低速区域（$X=0.8\sim1.2$m）。当灌溉水进入过滤器后，在高速区域沿 X 方向的流速很大，使得水中泥沙污物不能停留在滤网内侧表面，而是把水中泥沙推向过滤器尾部，最后沉淀在低速区域。使得整个滤网堵塞不均匀，出水口附近的高速区域的滤网（$X=0.2\sim0.6$m）不易堵塞，过滤器的堵塞首先从过滤器尾部靠近排污口开始。只要开始发生堵塞都会造成进出压力差变大，由于过滤器清洗是以进出口压力差为标准进行判断的，因此选择最佳清洗压差需要深入研究。

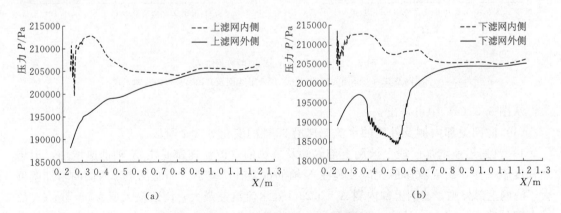

图 5.6　压力沿 X 轴的变化曲线
（a）上滤网及其内、外侧的压强对比；（b）下滤网及其内、外侧的压强对比

图 5.6 表示压力沿 X 轴的变化曲线。从图 5.6（a）中可得出：

（1）滤网上部内侧及外侧的压力沿 X 轴变化有所不同，尤其是鱼雷头部位置（0.2～0.28m）。滤网上部外侧的压力沿 X 轴先缓慢增加，当增加至 204kPa（$X=0.91$m 处）趋于稳定；滤网上部内侧压力沿 X 轴在 $X=0.26\sim0.33$m 时迅速增加，而在 $X=0.33\sim$ 0.55m 时缓慢减小，减小至 205kPa，压力在 $X=0.55\sim1.20$m 处虽有一些波动的，但基本趋于稳定。

（2）滤网上部内侧压力比外侧的大，但两者的压差却沿 X 轴越来越小，两者的最大压差为 17kPa 左右，最小压差为 0.5kPa。

从图 5.6（b）中可得出：

（1）滤网下部内侧和外侧的压力沿 X 轴变化规律及波动程度同滤网上部有所不同，除了受鱼雷头部影响外，出水口边界条件（$X=0.40\sim0.60$m）对滤网下部的压力沿 X 轴分布影响较大。如滤网下部外侧，其压力沿 X 轴的变化可分为 4 个阶段，即：①$X=0.20$ ~0.35m 时，为压力缓慢增加阶段；②$X=0.36\sim0.55$m 时，为压力减小阶段；③$X=$ $0.55\sim0.62$m 时，为压力迅速增加阶段；④$X=0.62\sim1.20$m 时，为压力稳定阶段。可见，鱼雷和出水口边界对滤网下部及其内、外侧的压力沿 X 轴的变化影响很大，同时说明压力沿 X 轴的波动幅度较大。

（2）滤网下部内侧压力比外侧的大，但两者的压差却沿 X 轴越来越小，两者的最大压差为 23kPa 左右，最小压差为 0.5kPa。

综上，滤网内、外侧的压力沿 X 轴方向分布都不均匀，这会导致滤网内、外侧压差变大，尤其是在滤网下部出水口附近滤网内外侧压差很大，从而容易造成滤网变形，以及比滤网孔大粒径的污物进入管路系统，堵塞灌水器。

5.3 过滤器出水口位置变化对内部流场的影响

为了得到出水口位置对过滤器流速及压力分布的影响，我们对不同 3 种出水口位置（$X=0.52$m、0.72m、0.92m，简称出口 1、出口 2、出口 3）的过滤器流速及压力变化情况进行了分析，数值模拟计算进口流量为 300m³/h。

5.3.1 速度场分布

图 5.7 表示水流流速沿 X 轴的变化曲线。其中图 5.7（a）表示不同出水口位置过滤器上部滤网内外流速变化曲线，对于出口 1（$X=0.52$m）情况前面已经描述，流速变化分为 3 个阶段（迅速增大、迅速减小、流速缓慢减小）；但对于出口 2（$X=0.72$m）、出口 3（$X=0.92$m）流速分布可分为 4 个阶段，即迅速增大、迅速减小、流速增大、流速减小。从图中可以看出：

（1）流速迅速增加阶段：当水流由进水口进入过滤器后，由于鱼雷部件的作用流速迅速增大，对于出水口不同的 3 种过滤器流速迅速增加阶段流速梯度差异不大，主要出现在 $X=0.20\sim0.31$m。

（2）流速迅速减小阶段：随出水口位置不同流速减小的梯度变化很大，依次为 $\frac{\mathrm{d}u}{\mathrm{d}x_3}<\frac{\mathrm{d}u}{\mathrm{d}x_2}<\frac{\mathrm{d}u}{\mathrm{d}x_1}$（下标 1、2、3 分别代表不同的出口）；另外出口 1 上滤网内侧在 X $=0.3\sim0.6$m 处流速沿 X 轴迅速减小；上滤网外侧在 $X=0.33\sim0.54$m 处也沿 X 轴

迅速减小，但减小幅度不如上滤网内侧；出口 2 上滤网内侧在 $X=0.3\sim0.73\text{m}$ 处流速沿 X 轴迅速减小；上滤网外侧在 $X=0.31\sim0.69\text{m}$ 处也沿 X 轴迅速减小，同理减小幅度不如上滤网内侧；出口 3 上滤网内侧在 $X=0.31\sim0.97\text{m}$ 处流速沿 X 轴迅速减小；上滤网外侧在 $X=0.34\sim0.97\text{m}$ 处也沿 X 轴迅速减小，同理减小幅度不如上滤网内侧。

（3）流速缓慢减小阶段。出口 1 上滤网内侧、上滤网外侧分别在 $X=0.60\sim1.20\text{m}$、$X=0.54\sim1.20\text{m}$ 处流速沿 X 轴缓慢减小，减小幅度相差不大；对于出口 2 和出口 3 流速又一次先增加后减小的阶段，出口 2 上滤网内侧在 $X=0.73\sim1.2\text{m}$ 范围内的最大流速出现在 $X=1.04\text{m}$ 处，流速值 2.53m/s，上滤网外侧在 $X=0.69\sim1.2\text{m}$ 范围内的最大流速出现在 $X=0.98\text{m}$ 处，流速值 2.3 m/s；出口 3 上滤网内侧在 $X=0.97\sim1.2\text{m}$ 范围内的最大流速出现在 $X=1.12\text{m}$ 处，流速值 1.481 m/s，上滤网外侧在 $X=0.97\sim1.2\text{m}$ 范围内的最大流速出现在 $X=1.1\text{m}$ 处，流速值 1.138 m/s。另外，出口 1 在 $X=0.2\sim0.55\text{m}$ 时，上侧滤网内侧的水流流速比外侧水流流速大，但两者的流速差却沿 X 轴越来越小，两者的最大流速差为 1.62m/s；当 $X=0.55\sim1.2\text{m}$ 时，上滤网内、外侧的水流流速相同，流速差为很小。

从图 5.7（b）中可得出以下 2 点：

（1）下滤网内、外侧的水流流速沿 X 轴的变化和上滤网一样，也包含 3 个阶段，但因出水口边界条件（出口 1，$X=0.4\sim0.6\text{m}$；出口 2，$X=0.6\sim0.8\text{m}$；出口 3，$X=0.8\sim1.0\text{m}$）的影响，水流流速最大值发生的位置、最大流速值及流速的波动频率同上滤网有所不同，尤其是滤网外侧，如出口 1 滤网外侧的流速最大值发生在 $X=0.41\text{m}$ 处，为 5.5m/s；出口 2 滤网外侧的流速最大值发生在 $X=0.61\text{m}$ 处，为 5.3m/s；出口 3 滤网外侧的流速最大值发生在 $X=0.81\text{m}$ 处，为 4.8m/s。

（2）出口 1 上当 $X=0.40\sim0.51\text{m}$ 时，下滤网外侧流速大于内侧，因通过滤网孔的所有水流最终要汇集到出水管的出水口处，从而加大了该处的水流流速值，而其他区域范围下滤网内侧流速大于外侧；同上滤网一样，其内、外流速相差很大，最大流速差为 2.567m/s；出口 2 上当 $X=0.56\sim0.7\text{m}$ 时下滤网外侧流速大于内侧，最大流速差为

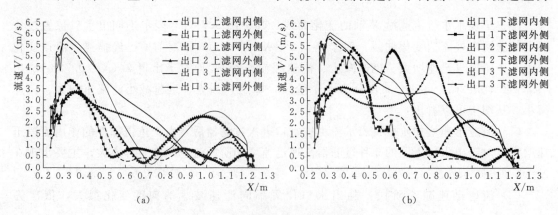

图 5.7　滤网内-外流速曲线

（a）上滤网内-外侧流速变化曲线；（b）下滤网内-外侧流速变化曲线

1.334m/s，其他范围下滤网内侧大于外侧；出口 3 上当 $X=0.71\sim0.90$m 时，下滤网外侧流速大于内侧，最大流速差为 1.25m/s，其他范围下滤网内侧大于外侧。

综上，过滤器过滤过程中，滤网内、外侧的水流流速沿 X 轴方向分布都不均匀，如鱼雷尾部附近的滤网，其内、外侧流速相差较小，故水的渗透率较小。由于鱼雷部件的加入，使得滤网内部分成两个区域，高速区域和低速区域。当灌溉水进入过滤器后，在高速区域沿 X 方向的流速很大，使得水中泥沙污物不能停留在滤网内侧表面，而是把水中泥沙推向过滤器尾部，最后沉淀在低速区域。这样在浑水条件下过滤器的堵塞首先从过滤器尾部靠近排污口开始向上游发展。可以看出出口 3（$X=0.92$m）离过滤器尾部最近，因而最易堵塞，其次是出口 2（$X=0.72$m），然后是出口 1（$X=0.52$m）；这已经在第 3 章浑水试验中得到证明，即出口 3 的过滤时间最短，出口 1 过滤时间最长。

5.3.2 压力场分布

图 5.8 表示压力沿 X 轴的变化曲线。从图 5.8（a）中可得出：

（1）在出口 1 上，上滤网内、外侧的压力沿 X 轴变化有所不同，尤其是鱼雷头部位置（$0.2\sim0.28$m）。上滤网外侧的压力沿 X 轴先缓慢增加，当增加至 204kPa（$X=0.91$m 处）便趋于稳定；上滤网内侧压力沿 X 轴在 $X=0.26\sim0.33$m 时迅速增加，而在 $X=0.33\sim0.55$m 时缓慢减小，减小至 205kPa，压力在 $X=0.55\sim1.20$m 处虽有一些波动的，但基本趋于稳定。出口 2 与出口 3 的变化趋势与出口 1 基本一致。

（2）3 种出口情形下，上滤网内侧压力比外侧的大，但两者的压差却沿 X 轴越来越小，最大压差为 17kPa 左右，最小压差 0.5kPa。

从图 5.8（b）中可得出：

（1）下滤网内侧和外侧的压力沿 X 轴的变化规律及波动程度同上滤网有所不同，除了受鱼雷头部影响外，出水口边界条件（出口 1，$X=0.4\sim0.6$m；出口 2，$X=0.6\sim0.8$m；出口 3，$X=0.8\sim1.0$m）对下滤网的压力沿 X 轴分布影响较大。如下滤网外侧，其压力沿 X 轴的变化可分为 4 个阶段：①出口 1，$X=0.20\sim0.35$m；出口 2，$X=0.20\sim0.55$m；出口 3，$X=0.20\sim0.71$m 时，为压力缓慢增加阶段；②出口 1，$X=0.36\sim0.55$m；出口 2，$X=0.55\sim0.70$m；出口 3，$X=0.72\sim0.90$m 时，为压力减小阶段；③出口 1，$X=0.55\sim0.62$m；出口 2，$X=0.71\sim0.83$m；出口 3，$X=0.91\sim1.02$m 为压力迅速增加阶段；④出口 1，$X=0.62\sim1.20$m；出口 2，$X=0.71\sim1.2$m；出口 3，$X=0.91\sim1.2$m 时，为压力稳定阶段。可见，鱼雷和出水口边界对下滤网及其内、外侧的压力沿 X 轴的变化影响很大，同时说明压力沿 X 轴的波动程度较大。

（2）下滤网内侧压力比外侧的大，但两者的压差却沿 X 轴越来越小，最大压差出口 1 为 23kPa 左右、出口 2 和出口 3 在 16kPa 左右，最小压差出口 1 为 0.5kPa、出口 2 和出口 3 为 2kPa 左右。

综上，3 种不同出水口的过滤器，压强分布总的趋势基本一致，滤网内、外侧的压力沿 X 轴方向分布都不均匀；只是出现滤网内、外侧最大压差值的位置不同。

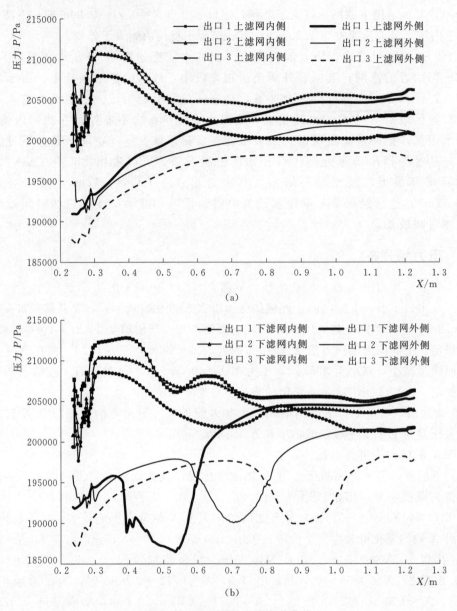

图 5.8　滤网内-外压力变化曲线

(a) 上滤网内-外侧压力变化曲线；(b) 下滤网内-外侧压力变化曲线

5.3.3　不同出水口湍动能分布

湍流的基本特征是流体存在随机运动的漩涡及由此引起的流速、压力等脉动。通常湍动能代表流体质点因湍流而获得的能量大小。图 5.9 分别为不同剖面紊动能分布图，从图可以看出，过滤器罐体内的湍动能分布不均匀。滤网外侧（$X = 0.2 \sim 0.4$m）段和出水口附近流速变化大的区域紊湍动能较大，在该区域产生较大的能量消耗，从而产生较大的水头损失。

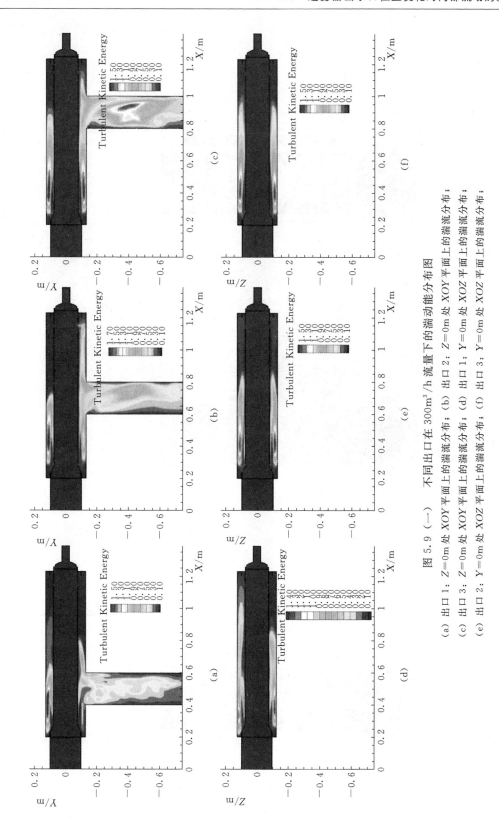

图 5.9 （一）　不同出口在 300m³/h 流量下的湍动能分布图

(a) 出口 1：Z=0m 处 XOY 平面上的湍流分布；(b) 出口 2：Z=0m 处 XOY 平面上的湍流分布；
(c) 出口 3：Z=0m 处 XOY 平面上的湍流分布；(d) 出口 1：Y=0m 处 XOZ 平面上的湍流分布；
(e) 出口 2：Y=0m 处 XOZ 平面上的湍流分布；(f) 出口 3：Y=0m 处 XOZ 平面上的湍流分布；

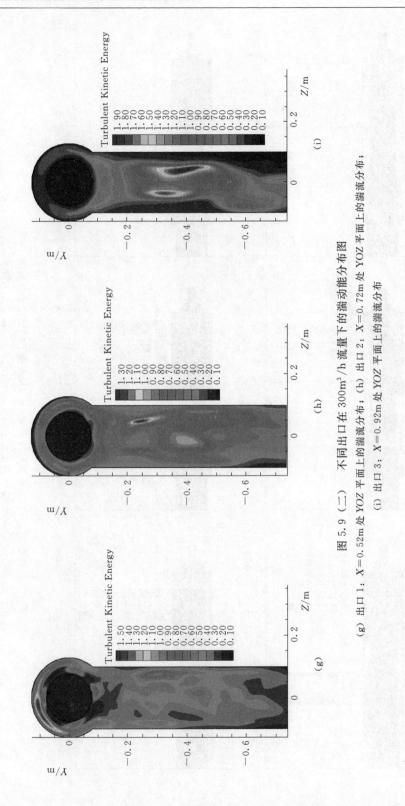

图 5.9（二）　不同出口在 300m³/h 流量下的湍动能分布图

(g) 出口 1：$X=0.52$m 处 YOZ 平面上的湍流分布；(h) 出口 2：$X=0.72$m 处 YOZ 平面上的湍流分布；

(i) 出口 3：$X=0.92$m 处 YOZ 平面上的湍流分布

5.4 不同流量下的鱼雷网式过滤器内部流场数值模拟

本文研究的鱼雷网式过滤器额定流量为 $300m^3/h$。微灌系统在运行当中，因为条件限制、灌溉系统的需求等种种原因总是会出现过滤器在不同流量下运行情况，因此对过滤器在不同流量下进行模拟计算。

流量在 $30\sim450m^3/h$ 范围内变化的情况下，过滤器不同出水口位置时的流速分布规律如图 5.10 所示，以下分别分析不同出水口的情况。

（1）如图 5.10 所示，出口 1 在不同流量下变化规律有以下几点：

1）流速增加阶段，在上滤网内外侧流速在 $X=0.2\sim0.3m$ 范围内随流量的增大而始终增大，流量为 $450m^3/h$ 时的最大流速 $8.2m/s$，$30m^3/h$ 时的最大流速为 $0.5m/s$ 左右。

2）流速减小阶段，在上滤网内外侧流速在 $X=0.3\sim0.5m$ 范围内迅速下降，在上滤网内侧最小流速为 $0.1\sim1m/s$ 左右，流速最小值随流量的变化不大。在上滤网外侧，流速在下降过程中出现对应不同流量的变化幅度不同的情况，在 $30\sim210m^3/h$ 的情况下，流速曲线下降规律是一致的，此范围流速最小值 $0.1\sim0.5m/s$。流量在 $240\sim360m^3/h$ 范围内变化时，对应各流量的流速曲线下降规律非常相似，流速都下降到 $1.0m/s$。流量在 $390\sim450m^3/h$ 范围时，流速曲线下降幅度越接近 $X=0.5m$ 的位置越剧烈，此范围流速最小值为 $0.5\sim1.0m/s$。

3）流速稳定阶段，在 $X=0.5\sim1.2m$ 处流速趋于稳定，但是上滤网内外侧出现了同样的问题，流量在 $30\sim210m^3/h$ 范围内的流速较稳定且波动较小，在 $390\sim450m^3/h$ 内的流速波动较大，在 $240\sim360m^3/h$ 内的流速波动情况是在两者之间。

4）出口 1 下侧滤网的变化规律也跟上侧滤网相似，由于出水口的位置的原因，在 $X=0.4\sim0.7m$ 之间流速曲线有波动。

（2）如图 5.11 所示，出口 2 在不同流量下有两次增速，两次降速的现象。有以下几点来分析：

1）上滤网内外侧流速曲线第一次上下波动出现在 $X=0.2\sim0.7m$ 范围内，对应于最大流量 $450m^3/h$ 的最大流速为 $9.09m/s$，而且出现在 $X=0.3m$ 左右的位置，同样在此处出现对应于最小流量 $30m^3/h$ 时的最大流速 $0.5m/s$。

2）上滤网内外侧流速曲线第二次上下波动出现在 $X=0.8\sim1.2m$ 范围内，但是波动幅度没有第一次大，对应于最大流量 $450m^3/h$ 的最大流速为 $3.04m/s$，出现在上滤网外侧 $X=1.0m$ 左右的位置，在此段对应于最小流量 $30m^3/h$ 的流速非常小，接近零。

3）下滤网内外侧流速曲线第一次上下波动出现在 $X=0.2\sim0.8m$ 范围内，但是在此段存在出水口的原因滤网内外侧流速变化曲线有所不同。对应于最大流量 $450m^3/h$ 的滤网内侧最大流速为 $9.184m/s$，且其出现在 $X=0.3m$ 左右的位置，最小流速出现在 $X=0.8m$ 处，即 $2.3m/s$，在此处最小流量 $30m^3/h$ 的流速始终在 $0.5m/s$ 左右。下滤网外侧的流速曲线在 $X=0.2\sim0.3m$ 内呈现上升趋势，在 $X=0.3\sim0.55m$ 内比较稳定；在 $X=0.55\sim0.61m$ 范围内，流速曲线出现上升态势，这时对应于最大流量 $450m^3/h$ 的流速为 $7.982m/s$；然后在 $X=0.61\sim0.8m$ 的位置流速曲线出现迅速下降，并减小到 $1.0m/s$ 左右。流量 $30m^3/h$ 时的下滤网外侧流速变化情况与上滤网内侧的基本一致。

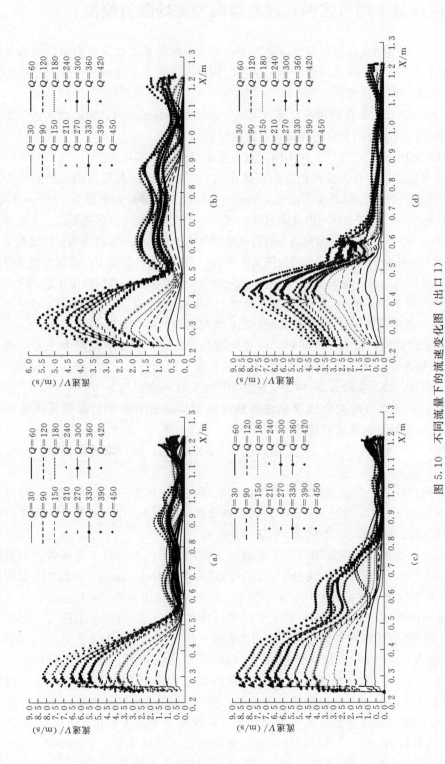

图 5.10　不同流量下的流速变化图（出口 1）

(a) 出口 1 上滤网内侧流速随流量变化曲线；(b) 出口 1 上滤网外侧流速随流量变化曲线；(c) 出口 1 下滤网内侧流速随流量变化曲线；(d) 出口 1 下滤网外侧流速随流量变化曲线

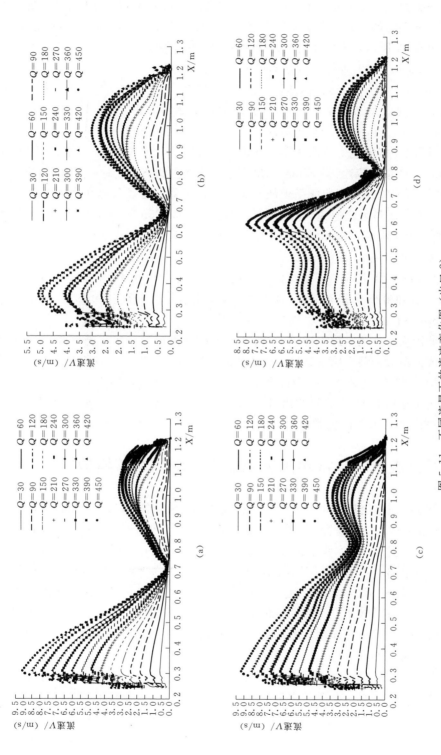

图 5.11 不同流量下的流速变化图（出口 2）

(a) 出口 2 上滤网内侧流速随流量变化曲线；(b) 出口 2 上滤网外侧流速随流量变化曲线；(c) 出口 2 下滤网内侧流速随流量变化曲线；(d) 出口 2 下滤网外侧流速随流量变化曲线

4）下滤网内外侧流速曲线第二次上下波动出现在 $X=0.8\sim1.2m$ 范围内，但是波动幅度没有第一次大，对应于最大流量 450m³/h 的最大流速为 3.74m/s，而且出现在上滤网外侧 $X=1.05m$ 左右的位置，在此段最小流量 30m³/h 的流速非常小，即接近为零。

（3）如图 5.12 所示，出口 3 的流速变化规律与出口 2 非常的相似，只是因为出水口位置的（$X=0.8\sim1.0m$）原因出现流速最大值和最小值的位置不一致。

1）上滤网内外侧流速变化曲线第一次波动出现在 $X=0.2\sim1.0m$ 范围内，对应于最大流量 450m³/h 的最大流速为 8.72m/s，其出现在上滤网内侧 $X=0.3m$ 左右的位置；最小流速出现在 $X=1.0m$ 左右，即 0.5m/s。

2）上滤网内外侧流速变化曲线第二次波动出现在 $X=1.0\sim1.2m$ 范围内，对应于最大流量 450m³/h 的最大流速为 1.5m/s，出现在上滤网内侧 $X=1.1m$ 左右的位置。

3）下滤网内侧流速变化曲线呈现从头到尾缓慢下降趋势，只是在 $X=0.7\sim0.9m$ 中间稍有波动。对应于最大流速 450m³/h 的最大流速为 8.826m/s，出现在上滤网内侧 $X=0.3m$ 左右的位置。流量为 30m³/h 时的下滤网内侧流速曲线变化规律基本上与上滤网内侧的一致。

4）如图 5.12（d）所示，下滤滤网外侧流速曲线变化与出口 2 的基本一致，对应于最大流量 450m³/h 和最小流量 30m³/h 的最大及最小流速分别为 7.263m/s 和 0.5m/s，均出现在 $X=0.8m$ 左右的位置。

综上，滤网内、外侧水流流速沿 X 轴方向分布都不均匀，鱼雷部件和出水口位置对流速分布、流速最大和最小值及其出现位置的影响特别大，鱼雷头部和出水口附近流速较大。由图 5.10～图 5.12 易看出，当进水流量在 30～450m³/h 范围内时，出口 1（0.52m）流速分布相对于出口 2（0.72m）和出口 3（0.92m）较稳定，这进一步证明浑水试验确定的最佳出水口位置是 0.52m 的结论。

5.5　不同目数下的鱼雷网式过滤器内部流场数值模拟

水源为清水，进水流量在 30～450m³/h 范围内，3 个不同出水口边界条件下，分别对 80 目和 120 目鱼雷网式过滤器进行水头损失数值模拟如图 5.13 和图 5.14 所示。基于 80 目鱼雷网式过滤器在不同流量下的水头损失变化曲线（图 5.13）分析，可得出以下几个结论：

（1）当流量在 30～90m³/h 范围内变化时：①出口 1 物理模型试验与数值模拟计算水头损失值误差大小不一致，尤其是流量逐步增加到 60m³/h 左右时，两者水头损失间的误差较大，其余情况误差较小；②在此流量范围内，出口 2 的误差始终很大；③出口 3 的误差随着流量的增加而呈现逐步增大的趋势，特别是流量超过 60m³/h 后，试验和数值模拟水头损失间的误差明显变大。

（2）流量在 90～240m³/h 范围内时，除了出口 3 在 210m³/h 时的试验与模拟水头损失值误差有点大外，其余流量下的水头损失吻合得较好，则误差较小。

（3）当流量在 240～360m³/h 范围内变化时，模拟水头损失变化规律与试验的基本一致，除了出口 2 误差较大外，其余出水口位置的试验和模拟水头损失值误差明显很小，尤其是流量 300m³/h 时，出口 1 的误差更小，即误差都在 10% 以内。

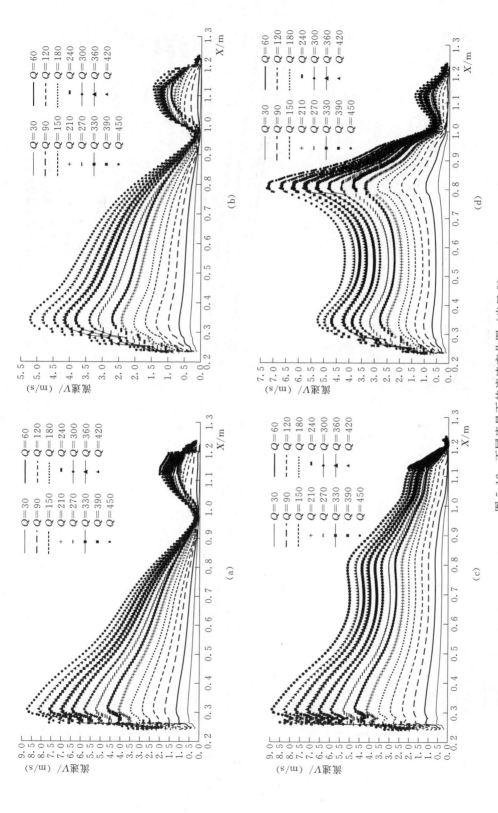

图 5.12 不同流量下的流速变化图（出口 3）

(a) 出口 3 上滤网内侧流速随流量变化曲线；(b) 出口 3 上滤网外侧流速随流量变化曲线；(c) 出口 3 下滤网内侧流速随流量变化曲线；(d) 出口 3 下滤网外侧流速随流量变化曲线

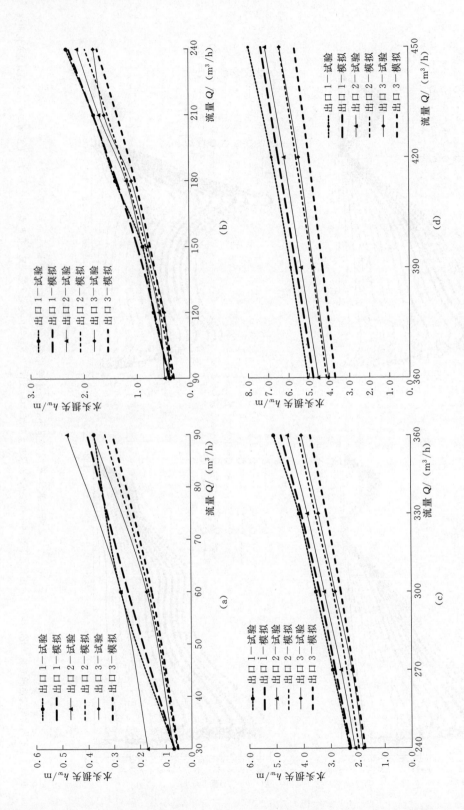

图 5.13 80 目滤网的过滤器在不同流量下的水头损失

(a) 不同出口过滤器在 30～90m³/h 流量下的水头损失；(b) 不同出口过滤器在 90～240m³/h 流量下的水头损失；

(c) 不同出口过滤器在 240～360m³/h 流量下的水头损失；(d) 不同出口过滤器在 360～450m³/h 流量下的水头损失

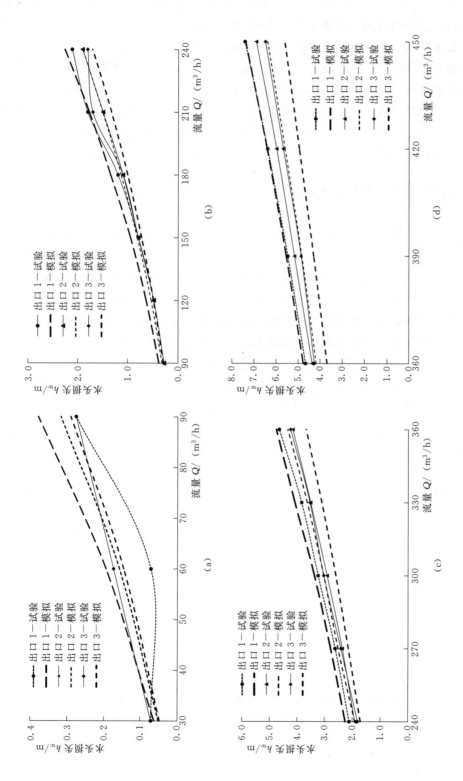

图 5.14　120 目滤网的过滤器在不同流量下的水头损失

(a) 不同出口过滤器在 30～90m³/h 流量下的水头损失；(b) 不同出口过滤器在 90～240 m³/h 流量下的水头损失；

(c) 不同出口过滤器在 240～360m³/h 流量下的水头损失；(d) 不同出口过滤器在 360～450 m³/h 流量下的水头损失

（4）流量在 $360\sim450\mathrm{m^3/h}$ 范围内，数值模拟水头损失变化趋势与试验基本一致，出口 2 的误差较大，其余两种出口的水头损失误差较小。由图 5.14 易知，120 目鱼雷网式过滤器在不同流量下的水头损失变化规律与 80 目的基本一致，在此不再重复了。

综上，由图 5.13 和图 5.14 可看出，当进水流量在 $30\sim450\mathrm{m^3/h}$ 范围内变化时，水头损失随流量增大而逐步增大，数值模拟与试验水头损失变化规律大体一致。鱼雷部件、出水口位置及滤网粗糙度对水头损失的影响尤为突出。同时从数值模拟水头损失变化曲线可知，出口 1 试验与数值模拟水头损失误差较小，80 目鱼雷网式过滤器的水头损失略大于 120 目，这与试验结果相一致。

5.6　鱼雷网式过滤器机理分析

鱼雷网式过滤器与常用网式过滤器主要不同之处，在于在滤网中加入了鱼雷部件，鱼雷部件占有了滤网内部很大的空间，过水断面缩小。使得水流进入滤网后流速迅速增大，水流在沿滤网轴向流动过程中透过滤网，使得流速不断减小；这样整个滤网就形成高速区和低速区。也就是说当灌溉水进入过滤器后，在高速区域流速很大，使得水中泥沙污物不能停留在滤网内侧表面，而是把水中泥沙推向过滤器尾部，最后沉淀在低速区域。这样在浑水条件下过滤器的堵塞首先从过滤器尾部靠近排污口开始向上游发展。因此，出水水口位置设在高速区时，过滤器滤网不易堵塞。另外从数值模拟及试验成果可以看出，水流从鱼雷尾部的小孔进入鱼雷内部，从鱼雷头部的小孔流出。水流在鱼雷内部掺混、流速减小。水中的泥沙颗粒随着水流进入鱼雷内部，并在鱼雷内部沉淀。这使得滤网内部水流中含沙量减少，鱼雷起到过滤泥沙的作用，从而延长过滤时间。这就是为什么在同样的条件下鱼雷网式过滤器比无鱼雷网式过滤器过滤时间长的原因。

5.7　本章小结

（1）水流从进水管进入鱼雷网式过滤器并流出出水管的运动状态，指出鱼雷、出水口边界条件对该过滤器的速度流场和压力场分布规律影响很大。尤其是鱼雷部件的影响是尤为突出，其不仅改变了过滤器内部流场分布，而且还起到吸收泥沙的作用。

（2）过滤器在过滤过程中，滤网内、外侧的水流流速沿 X 轴方向分布都不均匀，如鱼雷尾部附近的滤网，其内、外侧流速相差较小，故水的渗透率较小。由于鱼雷部件的使用，使得滤网内部分成两个流速区域，即高速区域和低速区域。当灌溉水进入过滤器后，在高速区域沿 X 方向的流速很大，使得水中泥沙污物不能停留在滤网内侧表面，而是把水中泥沙推向过滤器尾部，最后沉淀在低速区域。这样在浑水条件下过滤器的堵塞首先从过滤器尾部靠近排污口开始向上游发展。可以看出出口 3（$X=0.92\mathrm{m}$）离过滤器尾部最近，因而最易堵塞，其次是出口 2（$X=0.72\mathrm{m}$），然后是出口 1（$X=0.52\mathrm{m}$）；即出口 3 的过滤时间最短，出口 1 过滤时间最长。

（3）3 种不同出水口的过滤器，压力分布总的趋势基本一致，滤网内、外侧的压力沿 X 轴方向分布，都不均匀；只是出现滤网内、外侧压差大的位置不同。都在出水口附近滤网内外侧压差很大，从而容易造成滤网变形、破坏；故降低鱼雷网式过滤器滤网内、外侧的压差需要进一步的深入研究。

（4）进水流量在 $30\sim450\mathrm{m}^3/\mathrm{h}$ 范围内，80 目和 120 目鱼雷网式过滤器数值模拟水头损失变化规律与试验基本一致，鱼雷部件、出水口位置及滤网粗糙度对水头损失的影响尤为突出。出口 1 试验与数值模拟水头损失误差较小，80 目鱼雷网式过滤器的水头损失略大于 120 目，这与试验结果相一致。

第6章　鱼雷网式过滤器浑水条件下不同出水口对过滤过程的影响

6.1　概述

本章主要应用多相流模型对浑水条件下鱼雷网式过滤器内部泥沙颗粒的运动及分布进行分析。目前，计算流体力学中有两种数值计算的方法处理多项流，即：欧拉-欧拉法、欧拉-拉格朗日法。

1) 欧拉-欧拉法：将不同的相处理为相互贯穿的连续介质，由于一种相所占的体积无法被其他占用，因此引入体积率的概念，各相的体积率和等于1。该法常用的模型分别为VOF模型、Mixture模型及Eulerian模型。VOF模型主要用于一种或者多种不相融的流体存在交界面的情况；Mixture模型用于没有明显交界面的情况；Eulerian模型用于既不能用VOF模型也不能用Mixture模型时。

2) 欧拉-拉格朗日法：流体相被处理为连续相，直接求解时均纳维-斯托克方程，而离散相是通过计算流场中大量的粒子，离散相和流体相之间有动量、质量、能量的交换。常用的模型为DPM（Discrete particle modle）[225-228]模型。

Fluent提供的DPM模型可以计算颗粒的轨道以及由颗粒引起的热量/质量传递，即颗粒发生化学反应、燃烧等现象，间的耦合以及耦合结果对离散相轨道、连续相流动的影响均可考虑进去[229]。

Fluent提供的离散相模型功能十分强大：对于稳态与非稳态流动，可以考虑离散相的惯性、拽力、重力、热泳力、布朗运动等多种作用；可以预报连续相中由于湍流涡旋的作用而对该颗粒造成的影响（即随机轨道模型）；颗粒的加热/冷却；液滴的蒸发与沸腾（液滴）；连续相与离散相间的单向、双向耦合；喷雾、雾化模型；液滴的迸裂与合并等[230-233]。Fluent中的离散相模型假定第二相非常稀疏，因此可以忽略颗粒与颗粒之间的相互作用。这种假定意味离散相的体积分数必然很低，一般要求颗粒相的体积分数小于10％～12％[234-235]。离散相模型的限制有：稳态的离散相模型适用于具有确切定义的入口与出口边界条件的问题，不适用于模拟在连续相中无限期悬浮的颗粒流问题。

6.2　多相流模型的选取

多相流模型用于求解连续相的多相流问题，对于颗粒、液滴、气泡、粒子等多相流问题，当其体积分数小于10％时，就要用到离散相模型[236]。本节对鱼雷网式过滤器在浑水情况下运行过程进行模拟并对悬浮物颗粒轨迹进行追踪。在第3章讨论了典型鱼雷网式过滤器的浑水物理模型试验研究，本章在第 3 章的基础上进一步地讨论浑水的数值模拟结果。浑水情况下的多孔介质边界条件较复杂，因此本书以过滤有效面积为主进行了多孔介质的数值计算。

6.3　颗粒运动分析

在过滤初期，只有小于滤网孔径的颗粒能够通过滤网，稍微大于孔径的颗粒直接插在网孔。过滤中期，小于临界粒径的颗粒以一定的速度沉积到滤网的表面形成滤饼，使得滤网的堵塞加重，滤网的过滤阻力增加，若要保证通量不变，则滤网两侧的压降就要增大。对于颗粒受力分析的过程中提出 3 个基本假设条件：①流体在管道内流动大部分是湍流流动，但是过滤颗粒的尺寸要远小于边界层的厚度，因此悬浮液颗粒周围流体的流动限于层流；②由于颗粒的平均粒径在 $15\sim1000\mu m$，所以颗粒的受力服从斯托克斯定律；③随着进水流量的增加，滤网内部浑水浓度逐渐增大，当达到一定程度后沉积在滤网内侧表面的颗粒逐渐增多，在很短的时间内堵死滤网，由图 3.5～图 3.14 所示。悬浮液中颗粒主要受到以下几个力的作用：切向流动产生的惯性力 F_V，颗粒在滤网表面产生的摩擦力 F_m，惯性升力 F_L，在推动力 ΔP（ΔP 是滤网两侧压差）作用下的渗透流产生的曳力 F_P。具体受力方向如图 6.1 所示。通过分析颗粒的受力情况，从而确定了颗粒是否能够沉积在滤网内表面。

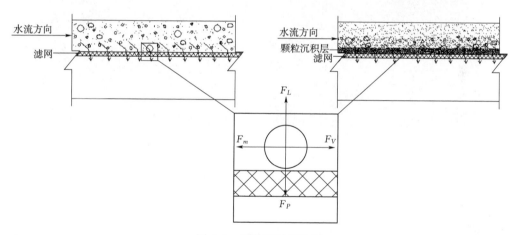

图 6.1　颗粒运动示意图

当 $F_P>F_L$ 时，微粒开始沉积滤网内侧表面；$F_P\leqslant F_L$ 时微粒悬起，若 $F_V>F_m$，则微粒被切向力带走。使颗粒沉积在滤网内侧表面的是渗透方向的力大于拖动方向的力，否则颗粒将被流体带入到悬浮液中。实际上过滤器内部流场情况较复杂，以上讨论了单颗粒为主的滤网内侧表面颗粒沉积的情况，滤网两侧的水流方向在出水口上游段是相同的，而且流速较大，如图 6.2（a）所示。出水口后段滤网内外侧的水流方向相反，流速较小，如图 6.2（b）所示。这种情况引起过滤器滤网从尾部开始堵塞。

由图 6.3 可见，过滤器刚开始堵塞时从滤网尾部开始堵，过滤器运行到一定时间后滤网完全堵死。本节浑水试验分两部分进行模拟计算：①利用 DPM 模型计算颗粒的轨

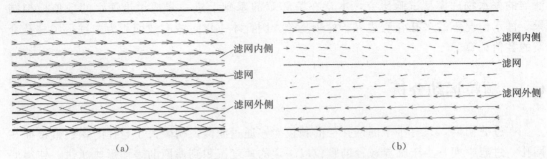

图 6.2　流体通过滤网时的颗粒运动示意图
(a) 出水口前段滤网两侧流体运动方向；(b) 出水口后段滤网两侧流体运动方向

道及颗粒分布情况；②根据滤网堵塞规律模拟，并分析滤网内外侧速度分布及压力变化规律。

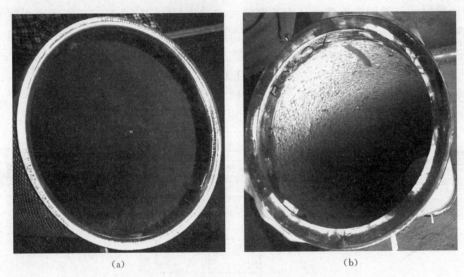

图 6.3　微粒在滤网内的沉积图
(a) 部分堵塞的滤网图；(b) 全堵塞的滤网图

6.4　颗粒追踪及颗粒分布

在前几章分析过的物理模型及数学模型的基础上，根据物理模型试验数据，在 Fluent 数学模型中添加 DPM 模型的相关参数，在流量为 $300m^3/h$ 和滤网目数为 80 目的条件下，对过滤器内的悬浮颗粒进行追踪及颗粒分布情况进行分析。

根据物理模型试验数据，计算两种不同边界情况下的数值模拟：①颗粒随流体从进水口不断地射流；②计算开始 1s 内颗粒随流体从进水口射流。过滤器入口平面为射流源，颗粒直径为 $100\mu m$，均匀分布。入口悬浮物浓度为 142mg/L，流速为 2m/s，悬浮物流量为 0.01kg/s，颗粒追踪模式为随机轨道跟踪。

6.4.1 计算结果

图 6.4 为进口流速 2.654m/s 且在计算 10s 时跟踪到的少数一部分颗粒的轨迹。由图 6.4 可看出，颗粒在滤层中被捕捉到。颗粒在过滤器内运动时会发生迁移、旋转等多种运动，速度也会忽快忽慢。但是在与滤网发生截留、吸附等相互作用时，大多数的悬浮颗粒最终会被过滤层从原水中去除掉。

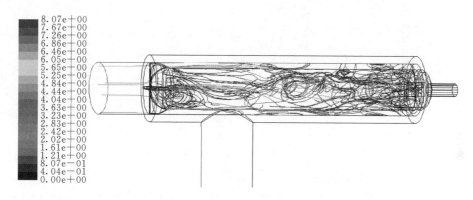

图 6.4 颗粒轨迹图

流体流进鱼雷内部的同时速度下降，如图 6.4 所示。随着流体的流动，颗粒也悬浮到鱼雷内部，进口不断地射入颗粒且颗粒分布较均匀，如图 6.5 所示。除了在滤网内部悬浮的蓝色颗粒外，其他颜色的颗粒全部聚集在鱼雷内部。

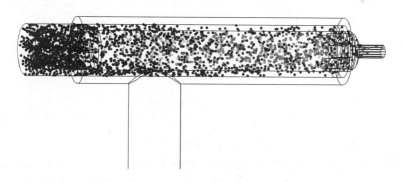

图 6.5 颗粒分布图

鱼雷头部有直径为 10mm 的小孔 4 个，尾部有直径 20mm 的小孔 8 个，第 3 章已讨论了这些小孔的作用，在本节进一步研究鱼雷内部的流场及鱼雷的作用。

由图 6.6（a）可见，鱼雷头部 4 个孔的位置在 $X=0.287$m 处，尾部 8 个孔的位置在 $X=1.145$m 处，鱼雷内部流体流动方向与外部流体流动方向相反。在 $X=0.287$m 处 4 个孔口位于鱼雷头部分水岭后方，此处较容易出现低流速现象，鱼雷内外流体压差较明显。在鱼雷内流速小、压力大，鱼雷外流速大、压力小，如图 6.7（a）、图 6.8（a）和图 6.9（a）所示，这现象使鱼雷内部的流体通过 4 个小孔往外流出。鱼雷内外的流体通过 4 个小孔的流动情况如图 6.6（b）所示。

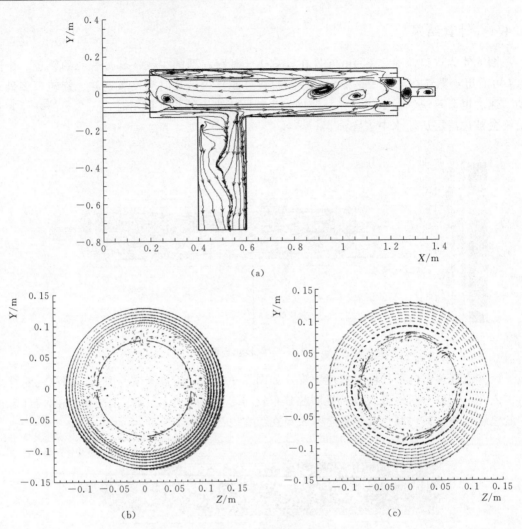

图 6.6　流场流线图

(a) $Z=0$ 剖面流线图；(b) $X=0.287\mathrm{m}$ 剖面矢量图；(c) $X=1.145\mathrm{m}$ 剖面矢量图

如图 6.6（c）所示，在过滤器尾部的流体随着鱼雷内外压力的大小变化，通过鱼雷尾部的 8 个孔的水流方向不一致，有些孔进水，有些孔出水。图 6.7（b）、图 6.8（b）和图 6.9（b）显示在 $X=1.145\mathrm{m}$ 断面处的流速、压力及湍动能的分布情况。可看出，在 $X=1.145\mathrm{m}$ 断面处的流速、压力及湍动能分布不均匀。在鱼雷外侧，流速大小不断地变化（流速出现负数是因为方向与流线方向相反），同一个断面上的压力和湍动能也不均匀。鱼雷内部流速与压力比较稳定，流体从高压处往低压处流动，这种现象引起了如图 6.6（c）所示的流速方向的不一致。

通过上述的流体运动规律可知，流体带动很多颗粒到鱼雷内部，使得滤网不易堵塞。单位时间内随高速水流到鱼雷末端的含沙量较多，一方面大部分粗砂颗粒通过鱼雷尾部的小孔进入鱼雷内。在图 6.10 中显示不同时间段内数值模拟计算的泥沙分布情况。当颗粒进到鱼雷内部后，因流速降低，颗粒在重力作用下慢慢沉积。另一方面多余的粗砂颗粒随

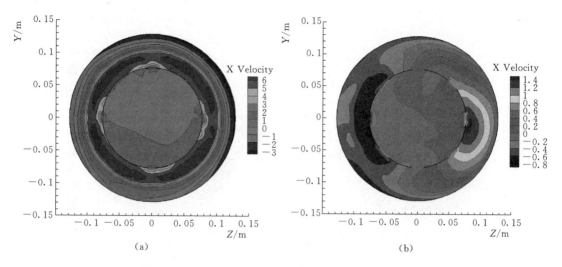

图 6.7　$X＝0.287$m 与 $X＝1.145$m 平面的流速分布图

(a) $X＝0.287$m 处 YOZ 平面上的流速分布；(b) $X＝1.145$m 处 YOZ 平面上的流速分布

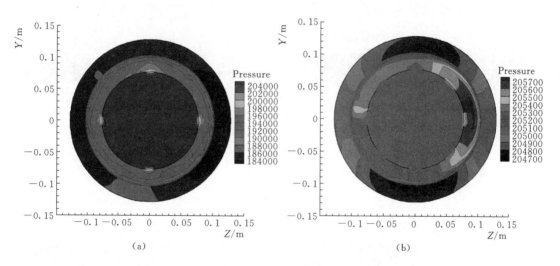

图 6.8　$X＝0.287$m 与 $X＝1.145$m 剖面的压力分布图

(a) $X＝0.287$m 处 YOZ 平面上的压力分布；(b) $X＝1.145$m 处 YOZ 平面上的压力分布

着过滤时间的推移由滤网末端向进水口方向开始滞留在滤网内侧表面，结果形成往进水口方向发展的滤网堵塞趋势。

在室内试验中可知，鱼雷内聚集很多泥沙，如图 6.11 所示。在室内试验无法看出颗粒在鱼雷内的具体运动情况，因此只能通过数值模拟计算分析。

6.4.2　内部流场随滤网堵塞程度的变化

讨论了关于多余的粗砂颗粒随着过滤时间的推移由滤网末端向进水口方向开始滞留在滤网内侧表面，结果形成往进水口方向发展的滤网堵塞趋势的问题。通过两相流模型模拟浑水条件下滤网堵塞与水头损失变化目前很难实现，因此，我们通过分段堵塞的方法，进

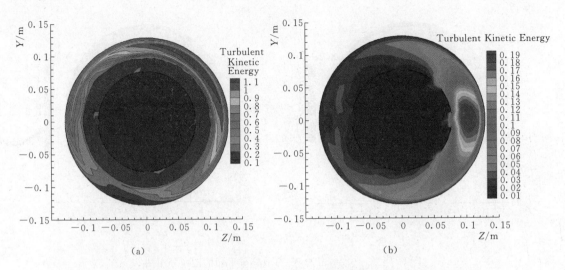

图 6.9　$X=0.287$m 与 $X=1.145$m 剖面的湍动能分布图

（a）$X=0.287$m 处 YOZ 平面上的湍流分布；（b）$X=1.145$m 处 YOZ 平面上的湍流分布

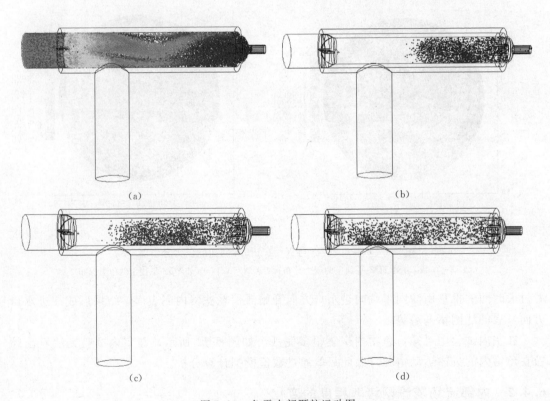

图 6.10　鱼雷内部颗粒运动图

（a）颗粒流动 5s 时；（b）颗粒流动 10s 时；（c）颗粒流动 20s 时；（d）颗粒流动 30s 时

行了数值模拟分析，设定进水流量 $Q=300$m³/h，滤网从末端往进水口方向每堵塞 5cm 的过程，堵到 80cm 为止，分别计算出每段的水头损失及流速分布。

图 6.11　鱼雷内部沉积的泥沙

由图 6.12 所示，滤网堵塞过程可分为 3 个阶段：①10～30cm，稳定阶段，此段水头损失比较稳定，变化不大，出口 1 在此阶段几乎没有变化，水头损失在 3.5m 左右，相对于出口 1，出口 2 和出口 3 的水头损失较小；②30～70cm，水头损失缓慢上升阶段，此段水头损失随着滤网的堵塞逐渐上升，3 种出口水头损失由 3.0m 左右到 5.7m 左右；③70～80cm，水头损失急剧上升阶段，水头损失从 5.7m 左右到升到 10.4m 左右。3 种出水口位置的数值模拟水头损失变化曲线与浑水试验得到的结果一致。

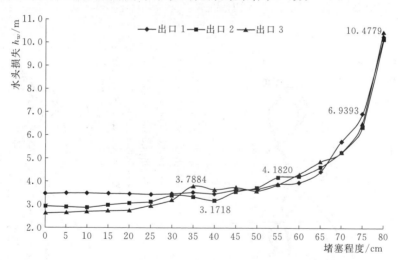

图 6.12　过滤器水头损失随有效过滤面积的变化曲线

滤网是从末端开始堵塞。根据实际模型情况，出口 1 的出水口位置对应在 60～80cm，而出口 2 的出水口位置在 40～60cm，出口 3 的出水口位置对应在 20～40cm。当滤网从末端开始堵到 60cm 的位置时才达到出口 1 的出水口位置，而出口 3 出水口的位置滤网开始堵到 20cm 就到出水口位置。从鱼雷网式过滤器浑水物理模型试验结果可知，与出口 2 和出口 3 的过滤时间相比，出口 1 的过滤时间是最长的。

如图 6.13～图 6.16 所示，在进水流量为 $300m^3/h$，3 种出水口位置的过滤器，在不同堵塞程度条件下，过滤器内部流速分布，由此分析得出：

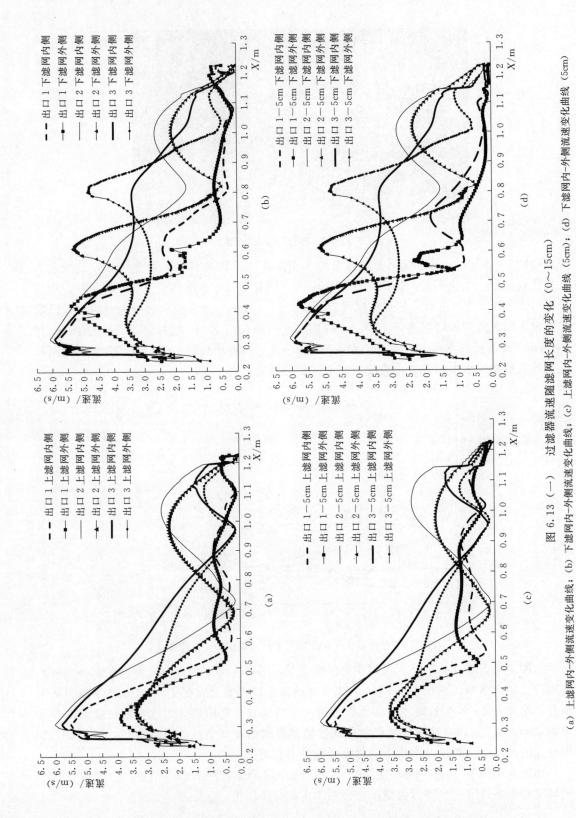

图 6.13 (一)　过滤器流速随滤网长度的变化（0～15cm）

（a）上滤网内-外侧流速变化曲线；（b）下滤网内-外侧流速变化曲线；（c）上滤网内-外侧流速变化曲线（5cm）；（d）下滤网内-外侧流速变化曲线（5cm）

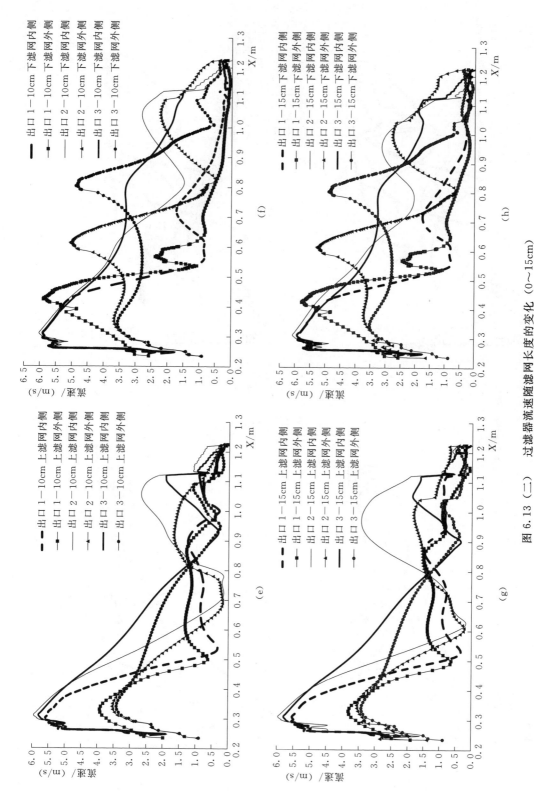

图 6.13 (二) 过滤器流速随滤网长度的变化 (0～15cm)

(e) 上滤网内–外侧流速变化曲线 (10cm); (f) 下滤网内–外侧流速变化曲线 (10cm); (g) 上滤网内–外侧流速变化曲线 (15cm); (h) 下滤网内–外侧流速变化曲线 (15cm)

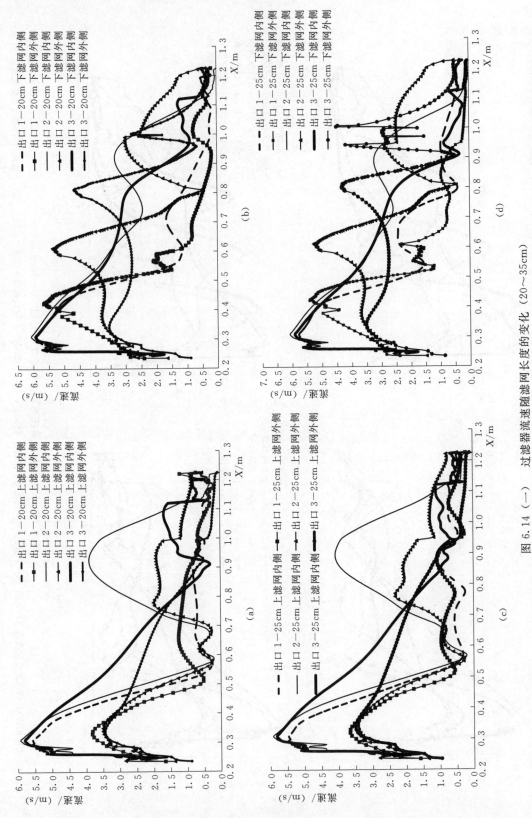

图 6.14（一）　过滤器流速随滤网长度的变化（20～35cm）

（a）上滤网内-外侧流速变化曲线（20cm）；（b）下滤网内-外侧流速变化曲线（20cm）；（c）上滤网内-外侧流速变化曲线（25cm）；（d）下滤网内-外侧流速变化曲线（25cm）

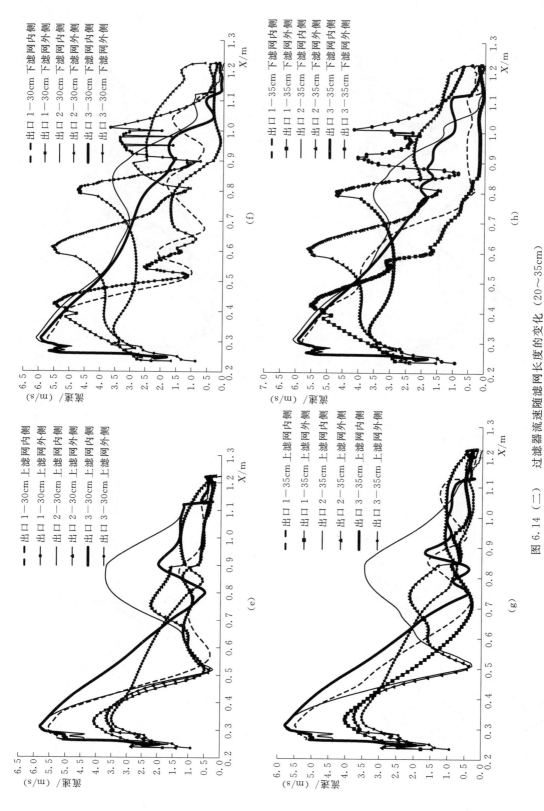

图 6.14 (二)　过滤器流速随滤网长度的变化 (20～35cm)

(e) 上滤网内－外侧流速变化曲线 (30cm)；(f) 下滤网内－外侧流速变化曲线 (30cm)；(g) 上滤网内－外侧流速变化曲线 (35cm)；(h) 下滤网内－外侧流速变化曲线 (35cm)

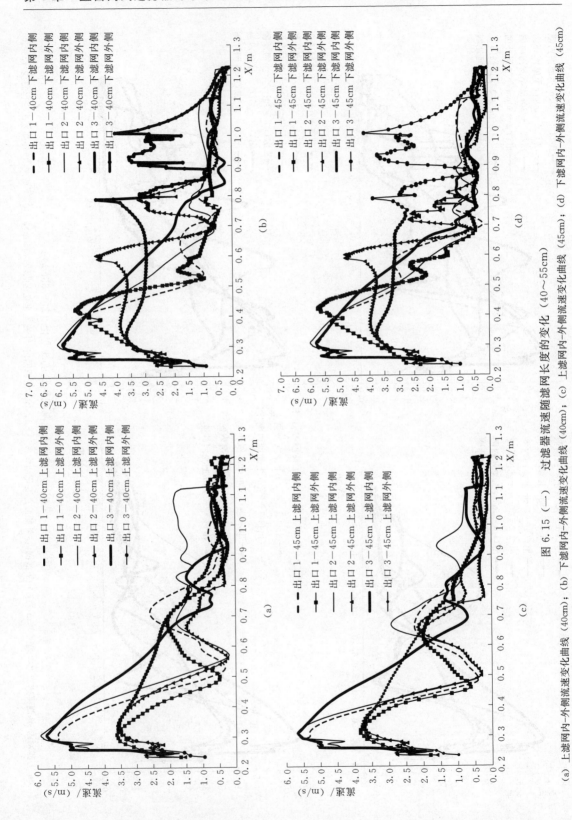

图 6.15（一）　过滤器流速随滤网长度的变化（40～55cm）

（a）上滤网内–外侧流速变化曲线（40cm）；（b）下滤网内–外侧流速变化曲线（40cm）；（c）上滤网内–外侧流速变化曲线（45cm）；（d）下滤网内–外侧流速变化（45cm）

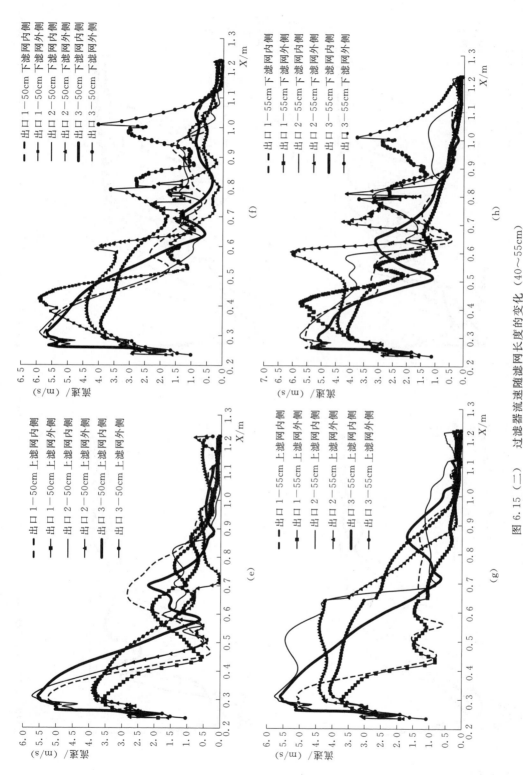

图 6.15（二） 过滤器流速随滤网长度的变化（40~55cm）

(e) 上滤网内-外侧流速变化曲线（50cm）；(f) 下滤网内-外侧流速变化曲线（50cm）；(g) 上滤网内-外侧流速变化曲线（55cm）；(h) 下滤网内-外侧流速变化曲线（55cm）

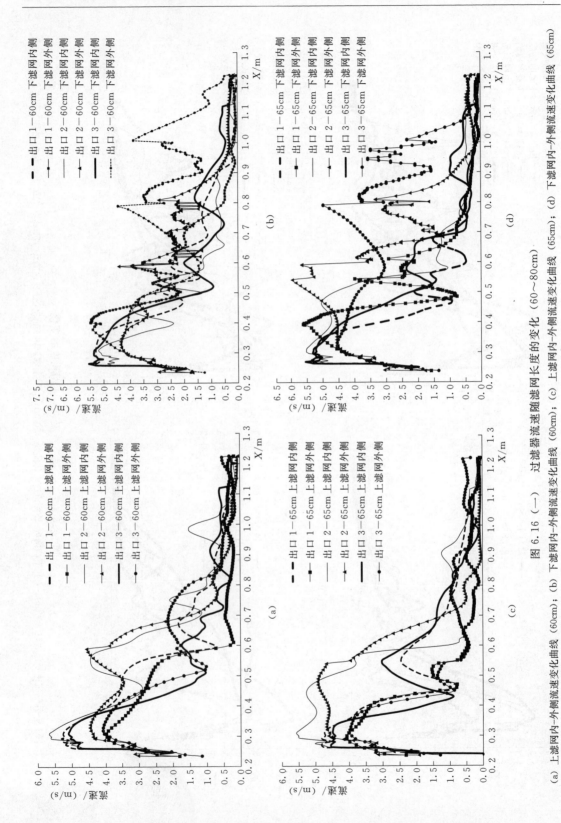

图 6.16 （一）　过滤器流速随滤网长度的变化（60～80cm）

(a) 上滤网内-外侧速度变化曲线（60cm）；(b) 下滤网内-外侧流速变化曲线（60cm）；(c) 上滤网内-外侧流速变化曲线（65cm）；(d) 下滤网内-外侧速度变化曲线（65cm）

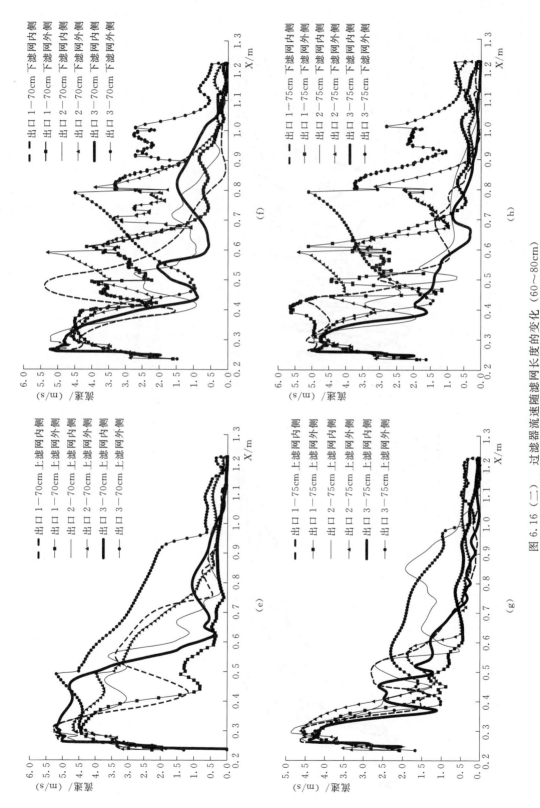

图 6.16（二） 过滤器流速随滤网长度的变化（60～80cm）

(e) 上滤网内—外侧流速变化曲线（70cm）；(f) 下滤网内—外侧流速变化曲线（70cm）；(g) 上滤网内—外侧流速变化曲线（75cm）；(h) 下滤网内—外侧流速变化曲线（75cm）

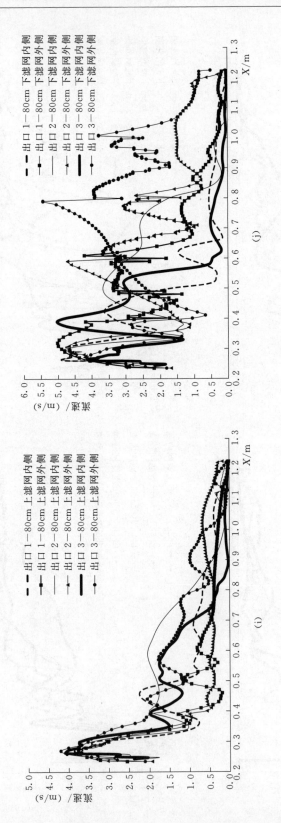

图 6.16（三）　过滤器流速随滤网长度的变化（60～80cm）

(i) 上滤网内-外侧流速变化曲线（80cm）；(j) 下滤网内-外侧流速变化曲线（80cm）

(1) 出口 1：上滤网内外侧流速从进水口到鱼雷头部段 $X=0.2\sim0.3$m 左右流速迅速上升，流速值达到 5.6m/s 左右。$X=0.3\sim0.5$m 左右流速突然下降，流速值降到 0.5m/s。然后从 $X=0.5\sim1.2$m 之间较稳定得流过，平均流速在 1m/s 左右；在此段下滤网内外侧流速变化趋势有所区别，在 $X=0.2\sim0.3$m 左右的位置下滤网内侧的流速迅速增加到 5.91m/s，然后在 $X=0.5$m 的位置又迅速下降；在 $X=0.5\sim0.8$m段因出水口的原因流速上下波动，$X=0.6\sim1.2$m 流速缓慢减小，最小流速值在 0.2m/s 左右。下滤网外侧的流速在 $X=0.2\sim0.45$m 左右的位置迅速增加到 5.5m/s 左右，在 $X=0.45\sim0.55$m 段流速突然下降到 1m/s，然后在 $X=0.55\sim0.65$m 左右因出水口的原因，流速又一次上下波动，$X=0.65\sim1.2$m 段流速缓慢，最小流速值在 0.2m/s 左右。

(2) 出口 2：上滤网内外侧流速曲线变化幅度相一致，$X=0.2\sim0.3$m 左右流速突然上升，最大流速值达到 6.0m/s 左右，在 $X=0.3\sim0.7$m 左右流速下降到 0.2m/s 左右，$X=0.7\sim1.2$m 之间流速上下波动，流速在 $X=1.0$m 左右达到 3.5m/s，在过滤器尾部流速降到最低值 0.2m/s 左右；在此段，出口 2 下滤网内外侧流速变化趋势不一致，在 $X=0.2\sim0.3$m 处下滤网内侧的流速迅速增加到 6m/s，然后又迅速下降到 $X=0.8$m 的位置，在 $X=0.8\sim1.2$m 处因出水口的原因流速上下波动，在 $X=1.0$m 左右流速达到最大值 3.2m/s。下滤网外侧的流速在 $X=0.2\sim0.3$m 左右迅速增加，$X=0.3\sim0.5$m 之间流速缓慢地下降到 3.5m/s 左右，然后在 $X=0.5\sim0.6$m 处又一次迅速地增加到 5m/s，在 $X=0.5\sim0.8$m 之间流速突然下降到 0.5m/s；在 $X=0.8\sim1.2$m 左右流速又一次上下波动，$X=1.0$m 左右达到最大流速值 3.0m/s，流速最小值在 0.2m/s 左右。

(3) 出口 3：上滤网内外侧流速曲线变化幅度相一致，$X=0.2\sim0.3$m 左右流速突然上升，流速最大值达到 5.8m/s 左右，在 $X=0.3\sim0.95$m 左右流速下降到 0.2m/s 左右，$X=0.95\sim1.20$m 之间流速再次上下波动，流速在 $X=1.15$m 左右达到 1.5m/s，在过滤器尾部流速降到最小值 0.2m/s 左右；在此段，出口 3 下滤网内外侧流速变化趋势不一致，在 $X=0.2\sim0.3$m 左右下滤网内侧的流速迅速增加到 5.92m/s，然后一直到 $X=1.2$m 的位置流速下降，在 $X=0.6\sim0.8$m 和 $X=1.0\sim1.1$m 下降的幅度较小。下滤网外侧的流速在 $X=0.2\sim0.3$m 左右的位置迅速增加，达到 3.5m/s 左右，$X=0.3\sim0.55$m 之间流速缓慢下降到 2.8m/s 左右，在 $X=0.55\sim0.8$m 再次迅速增加到 5m/s，在 $X=0.8\sim1.0$m 之间流速突然下降到 0.5m/s，然后在 $X=0.8\sim1.2$m 左右流速又一次上下波动，在 $X=1.15$m 左右流速为 1.0m/s，最小流速值在 0.2m/s 左右。

综上，3 种出口的过滤器在进口鱼雷头部段的流速都比较大，并在 300m³/h 的进水流量下最大流速 6m/s 左右；出水口位置对过滤器内部流场的影响很大。滤网堵到不同出水口位置时有流速的上下波动，引起波动的一个原因是出水口的位置，另一个是滤网颗粒的堵塞引起的。这种现象在下滤网外侧表现地更明显。与出口 2 和出口 3 相比，出口 1 的流速变化比较稳定。过滤器尾部滤网内侧流速降低，使得污物沉淀，并通过鱼雷尾部的八个小孔进入鱼雷内部。与出口 1 相比出口 2 和出口 3 的过滤时间比较短。这与流场的流态有密切的关系。

6.5　本章小结

本章根据物理模型试验结果及清水情况下的数值计算方法，进水流量在 $300\text{m}^3/\text{h}$ 的情况下，对鱼雷网式过滤器进行了浑水模拟计算，应用 DPM 模型对颗粒运动和沉积情况进行模拟计算，并在 3 种出水口位置下的滤网堵塞过程进行了数值计算，得到以下结论：

（1）通过模拟分析，得出颗粒运动随着计算时间的变化，颗粒随过滤时间的延长先均匀地分布在滤网和鱼雷之间的空间，然后一部分颗粒沉积在滤网内侧表面形成滤饼，一部分颗粒通过鱼雷尾部的 8 个小孔进入鱼雷内部，随着过滤时间的推移，沉积在鱼雷内部的颗粒数量增多，这种现象延迟滤网堵塞时间。

（2）由鱼雷部件数值模拟可知，鱼雷内部流体运动方向与外部的相反。大部分污物通过鱼雷尾部的小孔进入鱼雷内部，并沉淀在其内部，在鱼雷头部 4 个小孔的断面处，鱼雷内部压力比外部大，清水从鱼雷头部的 4 个小孔流出，形成流体的循环。

（3）随着滤网的堵塞，有效过滤面积减小，滤网内外侧流场开始紊乱，流速沿 X 轴的分布不均匀。鱼雷部件和出水口位置对流速分布影响很大，鱼雷头部和出水口附近流速较大；与出口 2 和出口 3 相比，出口 1 的流场较稳定，过滤时间较长，这又一次论证 3 个不同出水口中出口 1 为最佳出水口。

第 7 章　鱼雷网式过滤器的应用研究

7.1　概述

随着微灌技术的日益更新，各式各样的过滤系统陆续诞生，并为节水农业的大力发展奠定了坚实的基础。众所周知，灌溉水因来源和经过的区域不同，其水质有较大的差别，而且水中含有各种杂质，尤其是地表水，如湖泊、塘库、河流、沟溪、城市及工业污水等水源水中所含杂质较复杂[237-238]，含有漂浮物、黏性物质、浮游生物、化学物及泥沙物质。即使水质良好的井水，也含有一定数量的泥沙。如前文叙述，微灌系统对灌溉水源水质的要求特别严格，这是因为灌水器流道和出水孔尺寸很小，若大颗粒污物进入灌水器，随着灌溉时间的推移，很容易堵塞灌水器，严重影响滴水均匀度和系统使用寿命，最终导致整个微灌系统失效。所以，为了保证微灌系统正常运行和农作物的丰收，灌溉水进入灌水器前对其进行必要的净化处理。一般微灌水源为地表水的情况下，在微灌工程首部前设置沉淀池，若条件允许，沉淀池修建得越大越好，如图7.1所示，这样更多的泥沙颗粒沉淀在池中，进入过滤系统的灌溉水相对干净，以便大幅度减轻过滤系统的过滤负担，并延长其每次灌溉周期的过滤时间，因而，避免过滤器频繁冲洗而浪费水源和影响正常灌溉。由此看出，微灌水源的净化处理是非常重要，特别是根据水源类型和水质情况，准确选用过滤系统是显得尤为重要，因为先进的过滤器是保证微灌系统最大幅度地发挥经济效益的前提。当今，微灌用过滤器主要有砂石过滤器、离心过滤器、叠片过滤器及网式过滤器。

图 7.1　地表水微灌系统常用沉淀池

在实际应用当中，根据水源和水质条件，各种过滤器配套组合使用，如有机杂质较多的地表水，砂石和叠片或网式过滤器组合使用，即砂石＋叠片（网式），在地表水中泥沙颗粒较多的情况下，砂石过滤器前设置离心过滤器，形成离心＋砂石＋叠片（网式）过滤组合形式。灌溉水源为地下水，离心和叠片或网式过滤器组合使用，则形成离心＋叠片（网式）过滤器的组合配套形式。当地表水较干净，或微灌系统首部前面设有容量较大的沉淀池和大首部等水砂分离设施时，叠片（网式）过滤器可单独使用。

　　本文研究的鱼雷网式过滤器是在微灌系统中常用的自清洗网式过滤器的基础上，自主研制的适合于微灌用的新型过滤系统，具有操作简便、占地面积小、节能减排及自动化程度高等特点。与传统自清洗过滤器明显不同之处在于滤网内装有鱼雷核心部件，而且此部件的存在，在泥沙处理和延长过滤时间方面创造了革命性的变革。依据水源水质情况，此过滤系统既可以与砂石过滤器和离心过滤器配套组合使用，也可单独使用。

7.2　鱼雷网式过滤器与其他过滤器的配套应用

7.2.1　鱼雷网式过滤器和砂石过滤器的组合配套应用

　　如前文所述，当地表水作为微灌灌溉水源时，因水中含有各种有机和无机污物，单独使用一种过滤器来净化水，很难满足微灌对水质要求，故过滤系统在实际应用当中，以几种类型过滤器配套使用的措施来满足微灌对水质要求，尤其是在水中含有漂浮物、浮游生物及其他有机杂质，并且在水中有机物含量超过 10mg/L 和污物颗粒尺寸大于 10μm 的情况下，优先考虑选用砂石过滤器作为初级过滤[239]，从此，为微观系统供应较干净的灌溉水，同时将网式（叠片）过滤器作为二级过滤来配套使用将会使得灌水器始终均匀滴水。本文研究的鱼雷网式过滤器除砂过滤性能较突出，实际应用当中发现与砂石过滤器配套串联组合使用过滤效果更好，如图 7.2 所示，分图（a）、分图（b）分别为巴州尉犁县 2015 年小型农田水利重点县项目和喀什地区麦盖提县 2014 年高效节水补助资金项目应用的额定设计流量 300m³/h 的砂石＋鱼雷网式全自动冲洗和砂石＋鱼雷网式手动冲洗过滤器，水源为塔里木河中下游泥沙含量较多的浑水，因漂浮物、有机杂质和粗泥沙颗粒被砂石过滤器过滤处理，即颗粒粒径大于 10μm，泥沙 80% 的部分被砂石过滤器过滤床截留下来，进入鱼雷网式过滤器的灌溉水中泥沙含沙量较少，于是鱼雷网式过滤器过滤周期很长。在现场测试结果指出，80 目和 120 目鱼雷网式过滤器与砂石过滤器配套串联组合使用情况下，连续运行 12h 进行水头损失变化测试，分别如图 7.3 和图 7.4 所示，进出口压差始终分别在 0.035MPa≤Δp<0.04MPa 和 0.032MPa≤Δp<0.04MPa 范围内，这就说明进水含沙量 0.035～0.053g/L 条件下，过滤器很长时间过滤而不堵塞，这主要是因为粒径大于滤网孔径的大部分泥沙颗粒进入鱼雷部件内腔并沉淀在其内。

　　从以上叙述易知，在实际微灌工程中，尤其是像环塔里木盆地地表水水质较差的灌区应用鱼雷网式过滤器，微灌系统首部前必须设有容量较大的沉淀池，并与砂石过滤器配套串联组合使用，结果鱼雷网式过滤器充分发挥除沙过滤效果，以便最大程度地保证灌水器不容易堵塞和滴水均匀。

图 7.2 砂石与鱼雷网式过滤器配套串联组合使用

（a）砂石＋鱼雷网式全自动冲洗过滤器；（b）砂石＋鱼雷网式手动冲洗过滤器

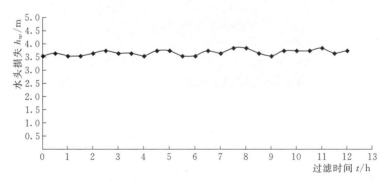

图 7.3 80 目鱼雷网式过滤器与砂石过滤器配套串联组合使用含沙量 0.035～0.053g/L 情况下的水头损失变化曲线（出水口在 0.52m 位置）

7.2.2 鱼雷网式过滤器和离心过滤器的配套组合应用

随着水资源短缺问题的日趋严重，我国西北地区，特别是新疆地区大部分灌区和生态

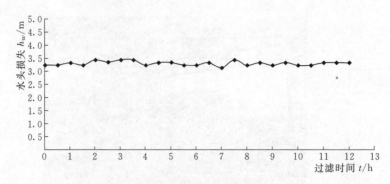

图 7.4　120 目鱼雷网式过滤器与砂石过滤器配套串联组合使用含沙量 0.035～0.053g/L 情况下的水头损失变化曲线（出水口在 0.52m 位置）

造林片区广泛提取地下水作为微灌水源。众所周知，地下水污物含量相对于地表水较小，然而地下水中肉眼看不到的微小泥沙颗粒较多，若不采取净化处理，随着灌溉时间的延长，将会造成灌水器堵塞并严重影响整个微灌系统的正常运行。在实际微灌工程中，离心过滤器作为初级过滤，对地下水中的泥沙进行水砂分离，一般分离泥沙效率达到 92%～98%，但离心过滤器很难除去与水比重相近和比水轻的有机质等杂质，从实际应用经验得知，若网式（鱼雷网式）或叠片过滤器配套串联组合使用，各自发挥应有的水砂分离和除砂过滤特点，为微灌系统供应满足灌溉要求的水源，如图 7.5 所示。

图 7.5　砂石与鱼雷网式过滤器配套串联组合使用

图 7.5 中为巴州尉犁县 2015 年小型农田水利重点县项目应用设计额定流量 200m³/h 离心＋鱼雷网式全自动直冲洗过滤器，地下水含沙量为 0.705g/L 的情况下，80 目和 120 目鱼雷网式过滤器运行 10 几个小时没有堵塞，冲洗控制器显示鱼雷网式过滤器进出口压差分别为 0.014MPa 和 0.012MPa 左右，如图 7.6 和图 7.7 所示。从以上叙述可知，鱼雷网式过滤器和离心水沙分离器配套串联组合使用，象尉犁县地下水水质如此差的区域，鱼雷网式过滤器仍然不易堵塞，长时间过滤，使得田间灌水器畅通无阻均匀滴水。同样道理，这主要是因为鱼雷部件聚集大部分粒径大于孔径的泥沙颗粒其内腔的缘故。

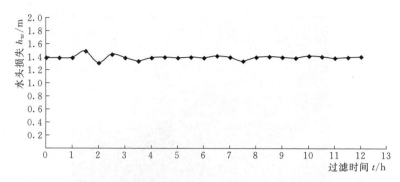

图 7.6　80 目鱼雷网式过滤器与离心过滤器配套串联组合使用含沙量 0.705g/L 情况下的水头损失变化曲线（出水口在 0.52m 位置）

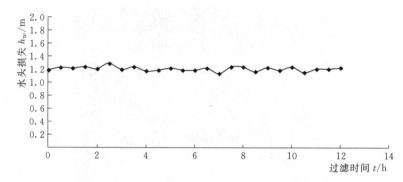

图 7.7　120 目鱼雷网式过滤器与离心过滤器配套串联组合使用含沙量 0.705g/L 情况下的水头损失变化曲线（出水口在 0.52m 位置）

7.3　鱼雷网式过滤器的单独应用

在实际微灌工程中，筛网（鱼雷网式）过滤器可单独使用，主要用于过滤灌溉水中的粉粒、泥沙及水垢等污物。微灌水源既可能是地表水或地下水，也可能是经过物理和化学处理的城市及工业废水。无论在哪种水源条件下，都要注意在水中有机物含量应小于 10mg/L，而且灌溉水中泥沙颗粒粒径在 0.10～0.25mm 范围内的情况下，选用过滤精度为 60～160 目的网式过滤器来净化处理水源最为宜。本文研究的鱼雷网式过滤器，如前文所论述，滤网内装有鱼雷部件，其关键作用是提高滤网轴向流速并水中泥沙随水流带到鱼雷末端污物区域，并经末端的进水孔将污物聚集在内腔，尤其是粒径大于滤网孔径的大部分泥沙进入鱼雷部件内腔，故滤网不易堵塞而过滤时间相应延长。综上，灌溉水中有机物含量不超过 10mg/L，但进水含沙量和泥沙颗粒粒径较大的条件下，80 目和 120 目鱼雷网式过滤器单独使用完全可以满足微灌水质的要求，如图 7.8 所示。

图 7.8（a）是设计额定流量为 300m³/h 全自动冲洗鱼雷网式过滤器在 2015 年万亩果树自压滴灌项目中的应用。过滤器前面设有减压阀和泄压阀以便保证过滤系统进水压力稳定。水源为地表水（水库水），灌溉水以玻璃钢管引入项目区并进入微灌系统首部前面的蓄水池进行沉淀，如图 7.1 所示。然后含沙量相对较小的灌溉水进入鱼雷网式过滤器进行

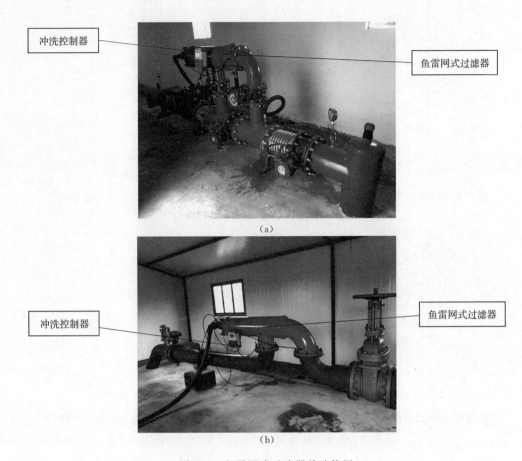

图 7.8　鱼雷网式过滤器单独使用
（a）全自动冲洗鱼雷网式过滤器在新疆 14 师一牧场的应用；
（b）全自动冲洗鱼雷网式过滤器在新疆 14 师 224 团的应用

最终净化处理。在进水流量基本稳定为 300m³/h 和进水含沙量 0.023g/L 的情况下，80 目全自动冲洗鱼雷网式过滤器连续运行 12h 进行水头损失随过滤时间的变化趋势测试，现场测试表明过滤器进出口压力表读取压差和自动冲洗控制器显示压差始终在 0.035MPa≤Δp≤0.037MPa 范围内，在此时间段内鱼雷网式过滤器没有发生堵塞，如图 7.9 所示。图 7.8（b）也是设计额定流量为 300m³/h 的全自动冲洗鱼雷网式过滤器，在新疆生产建设兵团 14 师皮墨垦区（224 团）红枣基地自压滴灌项目中的单独使用状况。

此项目区灌溉水源来自于乌鲁瓦提水利枢纽，并以引水明渠引水到项目区域内的小型水库如图 3.16 所示，然后以玻璃钢管引水到田间，而且每个主管道上装有以色列 AMIAD 公司提供的 EBS 和 MEGA 全自动反冲洗网式过滤器，以 800 亩为一个灌溉单元的首部设有设计额定流量为 300m³/h 的 120 目全自动冲洗鱼雷网式过滤器。该过滤器在此项目区覆盖面积已达到 12 万亩，合计台数为 150 套。根据这几年的实际应用和连续运行 12h 并对水头损失随过滤时间的变化规律进行现场测试，结果表明在进水流量基本稳定为 300m³/h 和进水含沙量在 0.012g/L 左右的情况下，过滤器进出口压力表读取压差和冲洗控制器显示压差均为 0.032MPa 左右，而且在这么长的测试时间段内，过滤器没有发生堵塞，进出

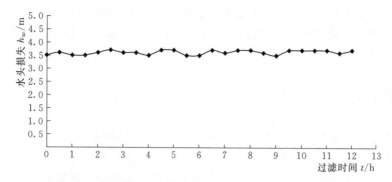

图 7.9 80 目鱼雷网式过滤器含沙量 0.023g/L 情况下的水头损失变化曲线
（出水口在 0.52m 位置）

口压差始终没有达到室内试验确定的最佳排污压差值 0.04MPa，如图 7.10 所示。

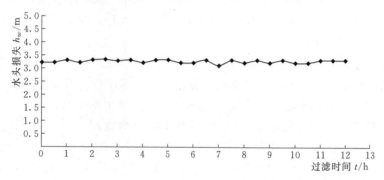

图 7.10 120 目鱼雷网式过滤器含沙量 0.012g/L 情况下的水头损失变化曲线
（出水口在 0.52m 位置）

从以上叙述易知，根据水源类型和水质情况，鱼雷网式过滤器在实际应用过程中与砂石和离心过滤器配套串联组合使用，更加充分发挥其除砂过滤效果，而且过滤时间相应延长并避免频繁冲洗浪费水资源的现象。在灌溉水中，漂浮物较少和有机物含量不超过 10mg/L，含沙量较大和粒径大于滤网孔径的颗粒含量较多以及微灌系统首部前面设有容量较大的沉淀池的情况下，单独使用鱼雷网式过滤器也可满足微灌系统对灌溉水质的要求。

7.4 鱼雷网式过滤器应用研究结论

通过对鱼雷网式过滤器在实际微灌工程中的应用调研，总结出以下几点。

（1）鱼雷网式过滤器与砂石和离心过滤器配套串联组合使用或者在单独使用，从测试结果可看出，因粒径大于滤网孔径的大部分泥沙颗粒进入鱼雷部件内腔，过滤时间相当延长，这与物理模型试验和数值模拟结果相一致。

（2）由图 7.9 和图 7.10 易知，当进水流量基本保持不变 300m³/h 时，80 目和 120 目鱼雷网式过滤器水头损失分别为 3.5m 和 3.2m 左右，即 80 目水头损失大于 120 目，这与物理模型试验结果相一致。

（3）鱼雷网式过滤器无论组合使用还是单独使用，水头损失始终没有达到试验确定的排污压差 0.04MPa，这意味着鱼雷网式过滤器没有发生堵塞，因此，排污压差设定为 0.04MPa 是合理的。

7.5　本章小结

（1）灌溉水源为地表水、城市及工业污水，而且水中各种漂浮物和无机物含量较多，有机物含量超过 10mg/L 和污物颗粒尺寸大于 $10\mu m$ 的情况下，微灌系统首部前面必须设有容量较大的蓄水沉淀池，并与砂石过滤器配套串联组合应用；现场连续运行 12h 测试结果表明，进水流量基本稳定为 $300m^3/h$ 和进水含沙量 0.035～0.053g/L 情况下，80 目和 120 目鱼雷网式过滤器进出口压力表读取压差和冲洗控制器显示压差分别为 $0.035MPa \leqslant \Delta p < 0.04MPa$ 和 $0.032MPa \leqslant \Delta p < 0.04MPa$ 范围内。这两种过滤精度的过滤器均没有发生堵塞，即进出口压差没有达到最佳排污压差 0.04MPa，这就说明试验得到的最佳排污压差 0.04MPa 是合理的。

（2）当灌溉水源为地下水时，鱼雷网式过滤器与离心过滤器配套串联组合使用，可谓是最佳配套组合使用方案。离心过滤器用来分离比重比水比重大的泥沙颗粒和粒径比滤网孔径大的粗颗粒，其水沙分离效率一般在 92%～98%，地下水中其余水比重相近和比水轻的有机质，根据实际水质情况，可选用 80 目和 120 目鱼雷网式过滤器来进行净化处理。现场测试结果表明，进水含沙量为 0.705g/L，设计额定流量为 $200m^3/h$ 的鱼雷网式过滤器与离心过滤器配套串联组合使用时，80 目和 120 目鱼雷滤网进出口压差值分别为 0.014MPa 和 0.012MPa，连续运行 12h 的时段内滤网没有发生堵塞。由此看出，鱼雷网式过滤器与离心水沙分离器的配套组合使用可谓是对含沙量较多的地下水的过滤处理来说最佳方案。

（3）地表水、城市及工业污水等作为微灌水源，并在水中有机物含量小于 10mg/L，尤其是在田间微灌系统首部前面修建有较大容量的蓄水沉淀池和引水主管道上设有网式或砂石过滤器等净化设备作为一级过滤设施的条件下，方可单独使用鱼雷网式过滤器来对灌溉水进行最终除砂过滤；从微灌系统连续运行 12h 现场测试情况可知，进水流量基本稳定为 $300m^3/h$，进水含沙量为 0.023g/L 和 0.012g/L 的条件下，80 目和 120 目鱼雷网式过滤器进出口压力表压差值和冲洗控制显示压差值始终分别为 0.035MPa 和 0.032MPa 左右。水头损失一直没有发展到最佳排污时间压差值 0.04MPa，这就表明地表水较干净的情况下，单独使用鱼雷网式过滤器完全胜任净化水源并满足微灌对水质的要求。

第8章 结论与展望

8.1 结论

8.1.1 物理模型试验方面

（1）在水源为清水、滤网内无鱼雷部件及出水口在不同位置试验条件下，进水流量稳步增加到额定设计流量300m³/h，过滤器水头损失随进水流量的变化规律与微灌常用自清洗过滤器的一致，120目滤网水头损失大于80目。滤网内装有鱼雷部件，其他试验条件不变的情况下，对于同样技术规格鱼雷网式过滤器来说，其水头损失随进水流量的变化规律仍然与自清洗过滤器基本一致，但就本文研究的两种过滤精度的80目和120目鱼雷网式过滤器而论，前者水头损失大于后者，这主要是因为鱼雷部件提高水流沿滤网轴向方向的流速，这时滤网粗糙度Δ对水头损失的变化起到关键作用，其他试验边界条件不变的情况下，水头损失随滤网粗糙度增大而增长，故80目鱼雷网式过滤器的水头损失大于120目。

（2）在水源为浑水和3个不同出水口位置试验条件下，泥沙颗粒级配如图3.3所示，采用进水含沙量基本保持不变（80目滤网，0.1420g/L；120目滤网，0.1211g/L）和逐步改变5个不同进水流量（240m³/h、270m³/h、300m³/h、330m³/h及360m³/h），对80目和120目鱼雷网式过滤器水头损失随进水流量和过滤时间变化以及过滤时间随进水流量的变化规律进行试验研究，试验结果表明，出水口位置在0.52m和0.72m时，水头损失随进水流量增大而增大，其随过滤时间的变化呈现以初始水头损失值为基准基本保持不变、逐渐减小及逐步增长和急剧增大等3个阶段，而且过滤时间随进水流量的变化规律基本一致，进水流量在240～300m³/h内变化时，过滤时间随进水流量的增大而变长，在300～360m³/h范围内，过滤时间随进水流量的增大而缩短，进水流量为300m³/h时，80目和120目鱼雷网式过滤器过滤时间均为最长。出水口在0.92m位置时，过滤时间随进水流量的增大而减小。综上，3个不同出水口位置时的过滤时间可排序为0.52m＞0.72m＞0.92m，故0.52m时80目和120目鱼雷网式过滤器最佳出水口位置。

（3）为了确定最佳排污压差值，出水口位置在0.52m的边界条件和进水流量保持稳定300m³/h的情况下，改变两组6个不同进水含沙量（80目滤网，0.1214g/L、0.1420g/L、0.1803g/L、0.2755g/L、0.3581g/L 及 0.3935g/L；120 目 滤 网，0.0874g/L、0.1211g/L、0.1311g/L、0.1512g/L、0.1658g/L 及 0.1934g/L），对80目和120目鱼雷网式过滤器进行试验，试验结果表明，80目鱼雷滤网的初始水头损失大于120目；水头损失达到4.0m时曲线发生拐点，滤网很短时间内堵塞，故此水头损失值4.0m作为最佳排污压差值。

（4）通过滤网和滤饼压降计算表达式（3.14）和式（3.16），得出80目和120目鱼雷滤网的总压降范围，即 0.038～0.201MPa（3.8～20.1m），试验确定最佳排污压差值 0.04MPa（4.0m），是基本上在理论计算总压降范围之内，故 0.04MPa（4.0m）作为最佳排污压差值是合理的。

（5）为了确定最佳排污时间，在进水流量基本稳定 300m³/h、预设 4 个不同压差值及改变两组 6 个不同进水含沙量的情况下，对 80 目和 120 目鱼雷网式过滤器进行排污时间试验，试验结果表明，排污含沙量在 40～50s 时段内基本上达到稳定。

（6）在理论分析和排污试验结果的基础上，推导出计算排污时间的表达式，并计算得到 80 目和 120 目鱼雷网式过滤器的理论排污时间分别为 40～70s 和 20～70s，这与试验获得的排污时间 40～50s 基本接近，因此，确定排污时间 40～50s 是合理的。

8.1.2 数值模拟方面

本文采用雷诺时均方程（RANS）及 RNG $k-\varepsilon$ 湍流模型对过滤器内部流场进行了数值模拟分析；并应用 DPM 多相流模型对过滤器内部沙颗粒运动及分布进行了分析。

（1）通过对以清水为介质的水头损失模拟结果与物理模型试验成果的对比分析，当出水口在 0.52m 的位置时，进水流量为设计额定流量 300m³/h 时的相对误差为 2.62%，误差在 10% 以内，数值模拟结果和物理模型试验结果吻合度较高，选择模型和参数较合理。

（2）鱼雷网式过滤器进出口边界条件和鱼雷部件对其内部流场，即速度流场和压力场分布规律影响特别大，尤其是鱼雷部件的影响尤为突出；滤网内外侧水流流速沿 X 轴的变化呈现 3 个阶段：①流速迅速增加阶段；②流速迅速减小阶段；③流速缓慢减小阶段。滤网内外侧压力有很大的差异，滤网内外压差在进口很大，然后沿 X 轴逐渐减小，最大压差为 23kPa，最小压差为 0.5kPa。

（3）由鱼雷部件流场数据模拟可知，污水经鱼雷末端的直径为 20mm 的小孔流入鱼雷部件内腔，从其头部直径为 10mm 的小孔流出，形成内外水流循环，结果大部分泥沙颗粒聚集在鱼雷部件内部，从而延长过滤时间。

（4）从鱼雷滤网堵塞数值模拟结果可看出，滤网的堵塞呈现从末端向出水口发展趋势，这与物理模型试验结果基本一致。

8.1.3 推广应用方面

通过对鱼雷网式过滤器在微灌工程的实际应用调研和现场试验得到以下结论。

（1）灌溉水源为地表水，而且水中有机物含量大于 10mg/L 和污物颗粒尺寸大于 10μm 的情况下，鱼雷网式过滤器最好与砂石过滤器配套串联组合使用，由现场测试可知，系统连续运行 12h，80 目和 120 目鱼雷滤网没有发生堵塞。

（2）灌溉水源为地下水，鱼雷网式过滤器与离心过滤器配套串联组合使用最为宜，由现场测试可知，微灌系统连续运行 12h，80 目和 120 目鱼雷滤网没有发生堵塞。

（3）水源为较干净的地表水，并在水中有机物含量小于 10mg、泥沙颗粒粒径在 0.1～0.25mm 范围内以及微灌系统前修建容量较大的沉淀池和设有其他净化设备的情况下，单独使用鱼雷网式过滤器方可满足微灌对水质的要求。由 300m³/h 鱼雷网式过滤器实际应用和现场测试结果可知，微灌系统连续运行 12h，80 目鱼雷滤网进出口压差始终在

0.035MPa 左右，没有发生堵塞；同样，120 目鱼雷滤网过滤器进出口压差始终在 0.032MPa 左右，相比于排污压差 0.04MPa 较小，过滤器没有发生堵塞，过滤时间很长，过滤效率也高。

8.1.4 本书创新点

（1）过滤器滤网内部加入鱼雷部件，在不增加水头损失的情况下，延长鱼雷网式过滤器的过滤时间。

（2）提出鱼雷网式过滤器最优出水口位置应在距进水口 0.52m 的位置。

（3）基于 DPM 模型对过滤器内的悬浮颗粒进行追踪及颗粒分布进行分析。

（4）提出了用于实际工程中的鱼雷网式过滤器单独和与其他类型过滤器组合使用的条件。

8.2 展望

本书对鱼雷网式过滤器作了较为系统、细致而深入的研究。但由于时间限制，鱼雷网式过滤器很多方面的工作只是一种初探。因此在后续研究中，笔者认为对以下方面的问题仍需要作进一步地探索。

（1）通过人工焊接制作的过滤器壳体和滤网，难免在尺寸上存在一定的偏差，再加上鱼雷部件制作材质和制作精度与设计要求不一致等原因，会导致水头损失稍有偏高和过滤时间缩短的问题，从而影响试验结果。因此在将来条件允许的情况下，改进加工工艺，提高过滤器制作精度，为后续的研究工作抛砖引玉。

（2）目前为止，国内外专家学者对鱼雷网式过滤器物理模型试验和数值模拟研究甚少，在国内外各种学术期刊上几乎找不到有关鱼雷网式过滤器的研究成果，在这样借鉴材料极其短缺的情况下，笔者不得不去进行许多的重复试验，并凭借有限的流体力学和 FLUENT 软件知识对其进行研究，故难免在鱼雷滤网总压降和排污时间计算方面存在误差，这些问题有待进一步研究。

（3）因时间限制，对鱼雷网式过滤器排污冲洗没有进行数值模拟研究，排污时滤网和鱼雷部件排污流场如何等问题有待进一步研究。

（4）浑水试验条件下，由水头损失随进水流量和过滤时间变化规律可知，整个水头损失变化曲线呈现 3 个不同阶段，即以初始水头损失值为基准基本保持不变，逐渐减小及逐步增长和急剧增大，这些问题有待从流体力学角度出发阐释。

（5）在本书对浑水水头损失理论计算只作了简单的论述，有待进一步研究。

参 考 文 献

[1] 马海良，王若梅，訾永成. 中国省际水资源利用的公平性研究 [J]. 中国人口·资源与环境，2015，25（12）：70-77.

[2] 王小军，张强，易小兵. 灌溉水有效利用系数时空变异分析与预测 [M]. 北京：中国水利水电出版社，2014.

[3] 孙景生，康绍忠. 我国水资源利用现状与节水灌溉发展对策 [J]. 农业工程学报，2000，16（2）：1-5.

[4] 杨晓军，刘飞，吴玉秀，等. 新疆农田节水灌溉系统首部过滤设备选型探讨 [J]. 中国农村水利水电，2014（5）：76-80.

[5] 董新光，邓铭江. 新疆地下水资源 [M]. 乌鲁木齐：新疆科学技术出版社，2005.

[6] 王世江，邓铭江，凯色尔·阿不都卡德尔，等. 中国新疆河湖全书 [M]. 北京：中国水利水电出版社，2011.

[7] 中华人民共和国水利部. 2014 年中国水利统计年鉴 [M]. 北京：中国水利水电出版社，2014.

[8] 叶剑锋. 基于混合系统架构的新疆南疆地下水资源信息系统研究 [D]. 新疆农业大学，2011.

[9] 樊根耀. 节水革命：关于农业科技创新的案例研究 [M]. 北京：经济科学出版社，2005.

[10] 严以绥，汤莉. 中国农业节水革命：新疆天业膜下滴灌技术的应用与发展 [M]. 北京：中国农业出版社，2004.

[11] 田元俊. 新疆土地资源的开发利用 [J]. 新疆社会经济，1993，（1）：60-73.

[12] 刘立诚. 新疆土地资源特点及其合理利用措施 [J]. 资源科学，1989，（6）：35-41.

[13] 季元中，徐羹慧. 新疆气候资源、环境气象工作的回顾与展望 [J]. 新疆气象 1998，（5）：1-5.

[14] 李光永. 世界微灌发展态势 [J]. 节水灌溉，2001，（2）：24-27.

[15] 张志新. 滴灌工程规划设计原理与应用 [M]. 北京：中国水利水电出版社，2007.

[16] 陈红. 国内外微灌技术发展概况 [J]. 湖北农机化，1998，（6）：19.

[17] 高传昌，吴平. 灌溉工程节水理论与技术 [M]. 郑州：黄河水利出版社，2005.

[18] 袁寿其，李红，王新坤，等. 喷微灌技术及设备 [M]. 北京：中国水利水电出版社，2015.

[19] 苏荟. 新疆农业高效节水灌溉技术选择研究 [D]. 石河子：石河子大学，2013.

[20] 郑耀泉. 喷灌与微灌设备 [M]. 北京：中国水利水电出版社，1998.

[21] 张志新. 新疆微灌发展现状、问题和对策 [J]. 节水灌溉，2000，（3）：8-10.

[22] 王军. 微灌用过滤器水力性能的试验研究 [D]. 石河子：石河子大学，2004.

[23] D. 戈德堡. 滴灌原理及应用 [M]. 西世良，余康临译. 北京：中国农业机械出版社，1984.

[24] 凯勒，喀麦利. 滴灌设计 [M]. 北京：水利出版社，1980.

[25] SL 103—95 微灌工程技术规范 [S]. 北京：中国水利水电出版社，1995.

[26] 傅琳，董文楚，郑耀全. 微灌工程技术指南 [M]. 北京：水利水电出版社，1988.

[27] M. Duran-Ros, J Puig-Bargues, G. Arbat, et al. Effect of Flitration Level and Pressure on Disc and Screen Filter Performance in Microirrigation Systems Using Effluents. Proceedings International Conference on Agricultural Engineering, Zurich, 06-10.07-2014.

[28] 姚振宪，何松林. 滴灌设备与滴灌系统规划设计 [M]. 北京：中国农业出版社，1999.

[29] 张志新. 滴灌 [M]. 乌鲁木齐：新疆科技卫生出版社（K），1991.

[30] 丁启圣，王维一，等. 新型实用过滤技术 [M]. 北京：冶金工业出版社，2001.

[31] 王军，刘焕芳，成玉彪，等. 国内微灌用过滤器的研究与发展现状综述 [J]. 节水灌溉，2003，（5）：34-35.

[32] 袁惠新，冯骉．分离工程［M］．北京：中国石化出版社，2002．

[33] 李继志，陈荣振．石油钻采机械概论［M］．北京：石油大学出版社，2000．

[34] 贺杰，蒋明虎．水力旋流器［M］．北京：石油工业出版社，1996．

[35] 辛舟．基于滴灌的黄河水泥沙分离试验试验研究［J］．排灌机械，2005，23（3）：32－45．

[36] 吴柏志，赵立新，蒋明虎，等．水力旋流器内颗粒受力与运行分析［J］．大庆石油学院学报，2005，29（6）：64－66．

[37] 刘永平，龚俊，刘晶．黄河水泥沙分离用水力旋流器的溢流颗粒中位径分析［J］．排灌机械，2007，25（3）：34－36．

[38] 杨晓军，刘焕芳，刘洋．几种微灌用过滤器的工作性能分析及其应用条件研究［J］．安徽农业科学，2011，39（26）：16405－16406，16414．

[39] 沙亿超，刘英，赵会民．旋流水砂分离器作为微灌过滤设备的应用［J］．黑龙江水利科技，2003，30（2）：106－107．

[40] 褚良银，陈文梅，李晓忠，等．水力旋流器湍流数值模拟及湍流结构［J］．高校化学工程学报，1999，13（2）：107－112．

[41] 郑铁刚，刘焕芳，宗全利．微灌用过滤器性能分析及应用研究［J］．水资源与工程学报，2008，19（4）：36－45．

[42] 任连城，梁政，梁利平，等．过滤式水力旋流器方案设计［J］．西南石油学院学报，2005，27（1）：82－85．

[43] 孙新忠．离心筛网一体式微灌式过滤器的试验研究［J］．排灌机械，2006，24（3）：20－23．

[44] 王永虎，黄建龙．黄河泥沙分离的水力旋流器数学模型建立与分析［J］．机械研究与应用，2004，17（6）：29－30．

[45] 杨胜敏，张海文．设施农业微灌过滤器的选型与应用研究［J］．水利水电技术，2013，44（6）：97－100．

[46] 韩丙芳，田军仓．微灌用高含沙水处理技术研究综述［J］．宁夏农学院学报，2001，22（2）：63－68．

[47] 耿丽萍，杨茉，曹玮，等．高炉污泥旋流法颗粒分离的数值模拟［J］．工程热物理学报，2004，25（4）：628－630．

[48] G. Q. Dai, J. M. Li, W. D. Chen. Numerical prediction of the liquid flow within a hydrocyclone［J］. Chemical Engineering Journal，1999，74：217－227．

[49] 王志斌，陈文梅，褚良银，等．旋流分离器中固体颗粒随机轨道的数值模拟及分离特性分析［J］．机械工程学报，2006，42（6）：34－39．

[50] 苏劲，袁智，侍玉苗，等．水力旋流器细粒分离效率优化与数值模拟［J］．机械工程学报，2011，47（20）：183－190．

[51] 李正平．离心筛网一体式微灌过滤器水力性能试验［J］．水利与建筑工程学报，2012，10（6）：156－159．

[52] 李振成，孙新忠．离心筛网一体式微灌过滤系统砂粒运移规律的试验研究［J］．节水灌溉，2013，（2）：14－16．

[53] 单丽君，陈蕊娜．固液分离过滤器流场的数值模拟与分析［J］．大连交通大学学报，2009，30（2）：6－9．

[54] 刘凡清，范德顺，黄钟．固液分离与工业水处理［M］．北京：中国石油出版社，2000．

[55] 刘育嘉．旋流过滤器优化结构的试验研究及数值模拟［D］．北京：中国石油大学，2011．

[56] 庞学诗．水力旋流器工艺计算［M］．长沙：中国石化出版社，1997．

[57] 邱元锋．微灌用水力旋流器分离器数值模拟与试验研究［D］．武汉：武汉大学，2007．

[58] 刘新阳．微灌用水力旋流器内水沙两相湍流数值模拟［D］．武汉：武汉大学，2009．

［59］ Rietema, K. Performance and design of Hydrocyclonees I, II, III, IV. Chemical Engineering Science, 1961, 15：298－302.

［60］ Olivio Jose Soccol, Lineu Neiva Rogdrigues. Tarlei Arriel Botrel and Mario Nestor Ullmann ［J］. Brazilian Archives of Biology and Technology, 2007, 50 (2)：193－199.

［61］ Olivio Jose Soccol, Tarlei Arriel Botrel. Hydrocyclone for Pre－Filtering of Irrigation Water ［J］. Sci. Agric. (Piracicaba, Braz.), 2004, 61 (2)：134－140.

［62］ H. Yurdem, V. Demir, A. Degirmencioglu. Development of a mathematical model to predict clean water head loss in hydrocyclone filters in drip irrigation systems using dimensional analysis ［J］. Biosystems Engineering , 2010, (105)：495－506.

［63］ Mailaphlli, D. R., Marques, et al. Performance evaluation of hydrocyclone fiter of micro irrigation ［J］. Engineering Agricultural, Jaboticabal, 2007, 27 (2)：373－382.

［64］ Jayen P. Veerapen, Brian J. Lowry, Michel F. Couturier ［J］. Design method ology for the swirl separator. Aquacultural Engineering, 2005, (33)：21－45.

［65］ Wu Chen, Nathalie Zydek, Frank Parma. Evaluation of hdrocyclone models for practical applications ［J］. Chemical Engineering, 2000, (80)：295－303.

［66］ Wenwilai Kraipech, Wu Chen , Tom Dyakowski, et al. The performance of the empirical models on industrial hydrocyclone design ［J］. In. J. Miner. Process, 2006, (80)：110－115.

［67］ A. K. Asomah, T. J. Napier－Munn. An empirical model of hydrocyclones, incorporating angle of cyclone inclination ［J］. Mineral Engineering, 1997, 10 (3)：339－347.

［68］ K. Nageswararao, D. M. Wiseman, T. J. Napier－Munn. Two empirical hydrocyclone models revisited ［J］. Minerals Engineering, 2004 (17)：671－687.

［69］ Lucia Fernandez Martinez, Antonio Gutierrez lavin, Manuel Maria Mahamud, et al. Vortex finder optimum length in hydrocyclone seperation ［J］. Chemical Engineering and Processing, 2008, (47)：192－199.

［70］ M. D. Slack, R. O. Prasad, A. Bakker et al. Advancees in cyclone modelling using unstructured grids ［J］. Trans IChemE, 2000, (78)：1098－1104.

［71］ P. He, M. Salcudean, I. S. Gartshore. A numerical simulation of hydrocyclonees ［J］. Trans IChemE, 1999, (77)：429－441.

［72］ M. Narasimha. CFD modelling of hydrocyclone prediction of cut size ［J］. Int. J. Miner, Pross, 2005：53－58.

［73］ M. Narasimha. Study of flow behavior in a three－product cyclone using computational fluid dynamics ［J］. Minerals Engineering, 2006, (19)：1048－1058.

［74］ K. Udaya Bhaskar. CFD validation for fly ash particle classification in hydrocyclone ［J］. Minerals Engineering, 2007, (20)：290－302.

［75］ K. Udaya Bhaskar. CFD simulation and experimental validation studies on hydrocyclone ［J］. Minerals Engineering, 2007, (20), 60－71.

［76］ B. Wang, A. B. Yu. Numerical study of particle－fluid flow in a hydrocyclone ［J］. Ind. Eng Chem. Res, 2007, (46)：4695－4705.

［77］ B. Wang, A. B. Yu. Numerical study of particle－fluid flow in hydrocyclones with different dimensions ［J］. Minerals Engineering, 2006, (19)：1022－1033.

［78］ B. Wang, A. B. Yu. Numerical study of the gas－liquid－solid flow in hydrocyclones with different configuration of vortex finder ［J］. Chemical Engineering Journal, 2008, (135)：33－42.

［79］ Jose A. Dilgadillo. Exploration of hydrocyclone designs using computational fluid dynamics ［J］. Int. J. Miner. Process, 2007, (84)：252－261.

［80］ Jose A. Dilgadillo. A comparative study of three turbulence closure models for the hydrocyclone problem ［J］. Int. J. Miner. Process，2005，(77)：217－230.

［81］ Luiz G. M Vieira. A study of the fluid dynamic behavior of filtering hydrocyclones ［J］. Seperation and Purification Technology，2007，(58)：282－287.

［82］ S. Schuetz. Investigations on the flow and separation behavior of hydrocyclones using computational fluid dynamics ［J］. Int. J. Miner. Process，2004，(73)：229－237.

［83］ M. S. Brennan. Multiphase modelling of hydrocyclones–prediction of cut–size ［J］. Minerals Engineering. 2007，(20)：395－406.

［84］ 董文楚. 微灌用网过滤器与砂石过滤器综述 ［J］. 节水灌溉，1992，(1)：26－30.

［85］ 董文楚. 微灌用过滤砂料选择与参数测定 ［J］. 喷灌技术，1995，(2)：42－45.

［86］ 董文楚. 微灌用砂过滤器水力性能研究 ［J］. 喷灌技术，1996，(1)：14.

［87］ 董文楚. 滴灌用砂过滤器的过滤与反冲洗性能试验研究 ［J］. 水利学报，1997，(12)：72－78.

［88］ 董文楚. 滴灌用砂石过滤器的设计与制造 ［J］. 中国科技成果，2004，(13)：39－40.

［89］ 韩丙芳，田军仓. 微灌用高含沙水处理技术研究综述 ［J］. 宁夏农学院学报，2001，22 (2)：63－69.

［90］ 肖新棉，董文楚，杨金忠，等. 微灌用叠片式砂石过滤器性能试验研究 ［J］. 农业工程学报，2005，21 (5)：81－84.

［91］ 杨树新. 砂石过滤器在滴灌系统中的应用 ［J］. 青海科技，2005，(2)：50－51.

［92］ 王新坤，徐颖，涂琴. 微灌系统过滤装置优化选型与配置 ［J］. 农业工程学报 2011，27 (10)：160－163.

［93］ 翟国亮，冯俊杰，邓忠，等. 微灌用砂石过滤器反冲洗参数试验 ［J］. 水资源与水工程学报，2007，18 (1)：24－28.

［94］ 邓忠，翟国亮，仵峰，等. 微灌过滤器石英砂滤料过滤与反冲洗研究 ［J］. 水资源与水工程学报，2008，19 (2)：34－37.

［95］ 景有海，金同轨，范瑾初. 均质滤料过滤过程的毛细管去除浊质模型 ［J］. 中国给排水，2000，16 (6)．

［96］ Bucks D. A. Nakayama F. S. Gilbert R. G. Trickle irrigation water quality and preventive maintenance ［J］. Agric Water Mngt，1979 (2)：149－162.

［97］ Gilbert R. G，Nakayama F. S，Bucks D. A. Trickle irrigation emitter clogging and flow problem ［J］. Agric Water Mngt，1981，(6)：159－164.

［98］ I. Ravina, E. Paz, Z. Sofer, et al. Control of clogging in drip irrigation with stored treated municipal sewage effluent ［J］. Agricultural Water Management，1997，(33)：127－137.

［99］ M. F. Hamoda, I. Al–Ghusain, N. Z. AL–Mutairi. Sand filtration of wastewater for tertiary treatment and water reuse ［J］. Desalination，2004，(164)：203－211.

［100］ J. Puig–Bargues, J. Barragain, F. Ramires de Cartagena. Development of Equations for calculating the Head Loss in Effluent Filtration in Microirrigation Systems using Dimensional Analysis ［J］. Biosystems Engineering，2005，92 (3)：383－390.

［101］ M. Duran–Ros, G. Arbat, J. Barragan, et al. Assessment of head loss equations developed with dimensional analysis for microirrigation filters using effluents ［J］. Biosystems Engineering，2010，(106)：521－526.

［102］ A. Morvannou, N. Forquet, M. Vanclooster, etc. Characterizing hydraulic properties of filter material of a vertical flow constructed wetland ［J］. Ecological Engineering，2013，(60)：325－335.

［103］ ZHAO Lianfeng, ZHU Wei, TONG Wei. Clogging process caused by biofilm growth and organic particle accumulation in lab–scale vertical flow constructed wetlands ［J］. Environmental Sciences，

2009，（21）：750 - 757.

[104] Pau Marti，Jalal Shiri，Miquel Duran - Ros，et al. Artificial neural networks vs. Gene Expression Programming for estimating outlet dissolved oxygen in micro - irrigation sand filters fed with effluents [J]. Computers and Electronics in Agriculture，2013，（99）：176 - 185.

[105] M. EIbana，F. Ramirez de Cartagena，J. Puig - Bargues. Effectiveness of sand media filters for removing turbidity and recovering dissolved oxygen from a reclaimed effluent used for micro - irrigation [J]. Agricultural Water Management，2012，（111）：27 - 33.

[106] A. Capra，B. Scicolone. Emitter and filter tests for wastewater reuse by drip irrigation [J]. Agricultural Water Management，2004，（68）：135 - 149.

[107] A. Capra，B. Scicolone. Assessing dripper clogging and filtering performance using municipal wastewater [J]. Irrigation and Drainage，2005，（54）：S71 - S79.

[108] M. Duran - Ros，J. Puig - Bargues，G. Arbat，etc. Effect of filter，emitter and location on clogging when using effluents [J]. Agricultural Water Management，2009，（96）：67 - 79.

[109] 杨万龙，宋世良. 叠片式自动反冲洗过滤器的研制 [J]. 中国农村水利水电，2005，（1）：115 - 117.

[110] 阿不都沙拉木，彭立新，崔春亮. 微灌系统中叠式和网式过滤器对含藻类地表水过滤效果的分析 [J]. 水利学报，2005（增刊）：472 - 474.

[111] 徐茂云. 微灌系统过滤器性能的试验研究 [J]. 水利学报，1995，（11）：84 - 89.

[112] 刘立刚，王可慰，张益壮. 全自动盘片式过滤器在水处理技术中的应用 [J]. 化工设备与防腐蚀，2002，5（6）：414 - 415.

[113] 林和坤，周珩. 叠片式过滤器的原理及使用方法 [J]. 工业用水与废水，2002，33（3）：44 - 47.

[114] 刘广容，叶春松，邓迎春，等. 两种叠片式过滤器的工艺性能比较试验 [J]. 工业水处理，2008，28（7）：27 - 29.

[115] 崔春亮，阿不都沙拉木，申祥民，等. 自主研发的叠片过滤器与国外同类产品的性能比较研究 [J]. 节水灌溉，2010，（12）：16 - 18.

[116] 周从民. 叠片式过滤器在水刺工艺水处理上的应用 [J]. 产业用纺织品，2013，268（1）：32 - 35.

[117] 申祥民，阿不都沙拉木，崔春亮，等. 自主研发的大流量叠片过滤器的性能分析 [J]. 中国农村水利水电，2011，（4）：85 - 87.

[118] 张娟娟，徐建新，黄修桥，等. 国内微灌用叠片过滤器研究现状综述 [J]. 节水灌溉，2015，（3）：59 - 65.

[119] 叶成恒. 典型过滤器水力学特性及其对泥沙处理能力研究 [D]. 北京：中国科学院研究生（教育部水土保持与生态环境研究中心），2005.

[120] 叶成恒，范兴科，姜珊. 离心叠片与离心筛网过滤系统性能比较试验 [J]. 中国农村水利水电，2010，（2）：73 - 75.

[121] 许翠平，刘洪禄，张书函，等. 微灌系统堵塞的原因与防治措施探讨 [J]. 中国农村水利水电，2002，（1）：40 - 42.

[122] 徐群. 微灌系统过滤器的选型设计 [J]. 农业装备技术，2010，（1）：48 - 51.

[123] 陈瑾，沈浩. 微灌用过滤器的应用探讨 [J]. 上海农业科技，2013，（6）：22 - 23.

[124] 仝炳伟，鲍子云，韩小龙. 渠水滴灌净化处理技术试验研究 [J]. 宁夏工程技术，2014，13（2）：134 - 137.

[125] 彭艳生. 叠片过滤器在微灌系统中的应用 [J]. 北京水务，2001，（1）：62 - 64.

[126] 张杰武，张力，彭斌. 高含沙黄河水滴灌系统关键技术的研究 [J]. 中国农村水利水电，2012，（6）：78 - 81.

[127] 张力，张凯，张杰武.新型滴灌系统及附属设备的研发与应用 [J].中国农村水利水电，2013，(4)：61-63.

[128] 鲍子云，仝炳伟，徐利岗.设施农业滴灌用黄河水安全净化处理技术试验研究 [J].灌溉排水学报，2011，(3)：1-5.

[129] 安兴才，翟建文，高云青.叠片式微孔膜过滤器的研制 [J].膜科学与技术，2000，20 (3)：54-56.

[130] 陈浩，潘欣华，许学锋，等.低反洗压力叠片过滤器 [P].CN200966955，2007-10-31.

[131] 王栋，薛瑞清.滴灌用水动活塞叠片式自动过滤装置的研制 [J].节水灌溉，2010，(3)：15-18.

[132] 何建村，崔春亮，崔瑞，等.叠片过滤器多级复合叠片 [P].CN203154919U，2013-08-28.

[133] 崔春亮，张剑，雷建花.一种叠片过滤器专用叠片 [P].CN201572562U，2010-09-08.

[134] 符伟全.一种锥形叠片过滤器及其滤芯 [P].CN202028261U，2011-11-09.

[135] 王燕燕.自清洗叠片过滤器的设计与研究 [D].北京：北京化工大学，2010.

[136] 张青，朱华静，聂云.造纸工业中水回用的中试研究 [J].工业水处理，2014，34 (5)：66-68.

[137] 孙钦平，李吉进，刘本生，等.沼液滴灌技术的工艺探索与研究 [J].中国沼气，2011，29 (3)：24-27.

[138] M. Duran-Ros, J. Puig-Brgues, G. Arbat, et al. Performance and backwashing efficiency of disc and screen filters in micro irrigation systems [J]. Biosystem Engineering, 2009, (103)：35-42.

[139] H. Yurdem, V. Demir, A. Degirmencioglu. Development of a mathematical model to predict head losses from disc filters in drip irrigation systems using dimensional analysis [J]. Biosystems Engineering, 2008, (100)：14-23.

[140] T. A. P. Ribeiro, J. E. S. Paterniani, R. P. da S. Airold, et al. Water quality and head loss in irrigation filters [J]. Sci. Agric. (Piracicaba, Braz.), 2004, 61 (6)：563-572.

[141] WenYong Wu, Wei Chen, HongLu Liu, et al. A dimensional analsis model for the calculation of head loss due to disc filters in drip irrigation systems [J]. Irrigation And Drainage, 2014, (63)：349-358.

[142] M. Gomez, F. Plaza, G. Garralon, et al. Comparative analysis of macro filtration process used as pre-treatment for municipal waste water reuse [J]. Desalination, 2010, (255)：72-77.

[143] Brain Benham, Blake Ross. Filtration, Treatment and Maintenance Considerations for Micro-Irrigation Systems. Virginia Cooperative Extension, Virginia State Universty Publication, 2009.

[144] Robert T Burns. Basic Filtration for Micro-Irrigation Systems. Agricultural Extension Service, the University Of Tennessee, IE-2015-00-037-98.

[145] J Puig-Barues, G Arbat, J Barragan, et al. Effluent particle removed by microirrigation system filters [J]. Spanish Journal of Agricultural Resarch, 2005, 3 (2)：192-191.

[146] 董文楚.微灌用滤网过滤器设计原理与方法 [J].喷灌技术，1989，(3)：7-14.

[147] 徐茂云.微灌用筛网过滤器水力性能的试验研究 [J].水利学报，1992，23 (3)：54-56.

[148] 张国祥.对微灌过滤器筛网规格、孔径比及两种压降合理取值的探讨 [J].喷灌技术，1992，(1)：31-35.

[149] 刘焕芳，王军，胡九英，等.微灌用网式过滤器局部水头损失的试验研究 [J].中国农村水利水电，2006，(6)：57-60.

[150] 梁菊蓉，华根福，郭永昌，等.微灌用网过滤器水力性能的分析研究 [J].节水灌溉，2011，(11)：34-36.

[151] 刘焕芳，王军，胡九英，等.旋流网式过滤器水力性能的试验研究 [J].水利学报，2005，(增

刊）：418-422.

[152] 阿力甫江·阿不里米提，虎胆·吐马尔白，买合木提·巴拉提，等．针对小农户处理地表水泥沙的小型过滤器应用前景浅谈 [J]．新疆农业大学学报，2011，34（4B）：18-20.

[153] 阿力甫江·阿不里米提．关于适用于基本农户的小型组合网式过滤器的试验研究 [D]．乌鲁木齐：新疆农业大学，2011.

[154] 阿力甫江·阿不里米提．二并联四寸小型组合网式过滤器 [P]．ZL201020122891.5，2011-03-16.

[155] 阿力甫江·阿不里米提．二并联四寸小型组合网式过滤器 [P]．ZL201020122966.X，2011-03-16.

[156] 阿力甫江·阿不里米提．三并联四寸小型组合网式过滤器 [P]．ZL201020122888.3，2011-03-16.

[157] 阿力甫江·阿不里米提．三并联八寸加大组合网式过滤器 [P]．ZL201020122811.6，2011-03-16.

[158] 阿力甫江·阿不里米提．二并联四寸加大组合网式过滤器 [P]．ZL201020122895.3，2011-03-16.

[159] 马英庆，程福．筛网过滤器自动反冲洗控制仪设计 [J]．中国农村水利水电，2008，（10）：75-78

[160] 李亚雄，陈学庚，温浩军，等．自动清洗河（渠）水网式过滤器的研究开发 [J]．中国农机化，2005，（4）：75-76.

[161] 孟剑，郑传祥．微灌系统全自动反冲洗过滤器的试验与设计 [J]．农机化研究，2006，（7）：143-145.

[162] 崔春亮，雷建花，阿不都沙拉木．自主研发的自动清洗网式过滤器 [J]．节水灌溉，2010，（10）：46-48.

[163] 刘飞，刘焕芳，宗全利，等．基于网式过滤器过滤装置和驱动装置的探讨 [J]．过滤与分离，2010，20（1）：4-7.

[164] 刘飞，刘焕芳，宗全利，等．新型自清洗网式过滤器结构优化研究 [J]．中国农村水利水电，2010，（10）：18-21.

[165] 宗全利，刘焕芳，郑铁刚，等．微灌用网式新型自清洗过滤器的设计与试验研究 [J]．灌溉排水学报，2010，29（1）：78-82.

[166] 宗全利，刘飞，刘焕芳，等．大田滴灌自清洗网式过滤器的水头损失试验 [J]．农业工程学报，2012，28（16）：86-92.

[167] 宗全利，刘飞，刘焕芳，等．滴灌用自清洗网式过滤器排污压差计算方法 [J]．农业机械学报，2012，43（11）：107-112.

[168] 刘焕芳，刘飞，谷趁趁，等．自清洗网式过滤器水力性能试验 [J]．排灌机械工程学报，2012，30（2）：203-208.

[169] 刘焕芳，郑铁刚，刘飞，等．自吸网式过滤器过滤时间与自清洗时间变化规律分析 [J]．农业机械学报，2010，41（7）：80-83.

[170] 刘焕芳．自动清洗网式过滤器 [P]．ZL200920164576.6.

[171] 刘飞，刘焕芳，郑铁刚，等．微灌用自吸式自动过滤器滤网内外工作压差的设置研究 [J]．中国农村水利水电，2010，（4）：50-53.

[172] 刘飞，刘焕芳，郑铁刚，等．自清洗网式过滤器水头损失和排污时间研究 [J]．农业机械学报，2013，44（5）：127-134.

[173] 刘飞．微灌用自清洗网式过滤器运行特性研究 [D]．石河子：石河子大学，2011.

[174] 郑铁刚，刘焕芳，刘飞，等．自清洗过滤器排污系统的水力计算 [J]．水利水电科技进展，

2010，30（3）：8-11.

[175] 郭沂林，刘建军，宗全利，等. 一种节水灌溉用新型水力旋喷自动吸附过滤器［J］. 节水灌溉，2011，（1）：65-69.

[176] 于旭永，刘焕芳，宗全利，等. 自吸式全自动网式过滤器运行中存在问题及解决措施［J］. 节水灌溉，2013，（8）：51-53.

[177] 邓斌，李欣，陶文铨. 多孔介质模型在管壳式换热器数值模拟中的应用［J］. 工程热物理学报，2004，25（增刊）：167-169.

[178] 陈凯华，宋存义，邱露，等. 挡风抑尘墙多孔介质模型分析与数值模拟［J］. 烧结球团，2008，33（3）：23-28.

[179] 潘子衡，钱才富，范德顺. 自清洗过滤器吸污器的改进设计［J］. 石油化工设备，2009，12（2）：9-12.

[180] 王栋蕾，宗全利，刘建军. 微灌用自清洗网式过滤器自清洗结构流场分析与优化研究［J］. 节水灌溉，2011，（12）：5-8.

[181] 阿力甫江·阿不里米提，虎胆·吐马儿白，马合木江·艾合买提，等. 直冲洗鱼雷网式过滤器内流场的数值模拟［J］. 节水灌溉，2014，（10）：6-10.

[182] 阿力甫江·阿不里米提. 6寸鱼雷除砂网式全自动冲洗过滤器［P］. CN201310567509. X，2015-05-27.

[183] 阿力甫江·阿不里米提. 8寸鱼雷除砂式全自动冲洗过滤器［P］. CN201310567875.5，2015-05-27.

[184] 阿力甫江·阿不里米提. 5寸鱼雷除砂网式全自动冲洗过滤器［P］. CN201410755532.6，2015-04-22.

[185] 柳志忠，邓中，龙成毅. 网式过滤器的压降计算和试验研究［J］. 机电设备，2010，27（5）：55-57.

[186] 骆秀萍，刘焕芳，宗全利，等. 微灌自清洗网式过滤器水头损失的试验研究［J］. 石河子大学学报（自然科学报），2011，29（1）：98-102.

[187] 骆秀萍. 自清洗网式过滤器运行特性及内部流场数值模拟研究［D］. 石河子：石河子大学，2013.

[188] 王爱伟. 吸污式自清洗过滤器的开发与理论研究［D］. 北京：北京化工大学，2008.

[189] Vehashkaya Amiad Sinun. Automatic backflushing filter［P］. Israel，EP0131348，1985-01-16.

[190] H. Yurem，V. Demir. Effect of Design of Screen Type Filters Used in Drip Irrigation Systems on Head Losses［J］. Ege University，Ziraat Fak. Derg.，2003，40（2）：81-88.

[191] Jan Hermene. Aut-line Filter：Self-cleaning，Continuous Filtration System［J］. Filter&Seperation，2002，（9）：28-30.

[192] Dorota Z. Haman，Fedro S. Zazueta. Screen Filter in Trickle Irrigation Systems［J］. IFAS Extension University of Florida，AE61，1989：1-5.

[193] Avner Adin，Giora Alon. Mechanisms and Process Parameters of Filter Screen［J］. Irrig. Drain Eng.，1986，（112）：293-304.

[194] Wenyong Wu，Wei Chen，Honglu Liu，et al. A new model for head loss assessment of screen filters developed with dimensional analysis in drip irrigation systems［J］. Irrigation and Drainage，2014，（63）：523-531.

[195] Marcelo Juanico，Yossi Azov，Beny Teltsch，et al. Effect of Effluent Addition to a Freshwater Reservoir on the Filter Clogging Capacity of Irrigation Water［J］. Wat. Res. 1995，29（7）：1695-1702.

[196] Jing Wang，Seong Chan Kim，David Y D Pui. Carbon Nanotube Penetration through a Screen Filter：

Numerical Modeling and Comparison with Experiments [J]. Aerosol Science and Technology, 2011, (45): 443-452.

[197] 中华人民共和国水利部. 节水灌溉技术规范: SL 207—1998 [S]. 北京: 中国水利水电出版社, 1998.

[198] UNESCO/WHO/UNEP, Water Quality Assessments - A Guide to Use of Biota, Sediments and Water in Environmental Monitoring - Second Edition [M]. Published by E&FN Spon, imprint of Chapman & Hall, Printed in Great Britain at the University press, Chambridge, 1996.

[199] 阿力甫江·阿不里米提. 四寸离心加网式过滤器 [P]. ZL201020122898.7, 2011-03.23.

[200] 阿力甫江·阿不里米提. 四寸离心加大网式过滤器 [P]. ZL201020122899.1, 2011-03.16.

[201] 阿力甫江·阿不里米提. 六寸离心加网式过滤器 [P]. ZL201020122900.0, 2011-03.16.

[202] 阿力甫江·阿不里米提. 八寸离心加网式过滤器 [P]. ZL201020122897.2, 2011-03.16.

[203] 刘旋峰, 陈发, 王学农, 等. 新型双罐"砂石＋网式"全自动自洁式过滤器研制 [J]. 新疆农机化, 2009 (5): 19-20.

[204] Wu Wen-Yong, Huang Yan, Liu Hong-Lu, et al. Reclaimed Water Filtration Efficiency and Drip Irrigation Emitter Performance with Different Combinations of Sand and Disc Filters [J]. Irri. and Drain., 2015, (64): 362-369.

[205] 温正, 石良臣, 任毅如. Fluent 流体计算应用教程 [M]. 北京: 清华大学出版社, 2009.

[206] 邹宽, 杨茱, 曹玮, 等. 水沙水力旋流分离器湍流流动的数值模拟 [J]. 工程热物理学报, 2004, 25 (1): 127-129.

[207] 李振国. 除油型水力旋流分离器内部流场的数值计算 [D]. 大连: 大连理工大学, 2002.

[208] 黄思. 水力旋流器内油水分离过程的三维数值模拟 [J]. 华南理工大学学报 (自然科学版), 2006, 34 (11): 25-28.

[209] 黄思. 双锥型旋流器内液-液分离过程的流动数值模拟 [J]. 农业工程学报, 2006, 22 (5): 15-19.

[210] M. Narasimha. CFD Modelling of Hydrocyclone Prediction of Cut Size [J]. Int. Miner. Pross. 2005: 53-68.

[211] Patankar S. V. Spalding D. B. Heat Exchanger Design Theory Source Book. McGraw-Hill Book Company, New York, 1974: 155-176.

[212] M. S. Brennan. Multiphase Modelling of Hydrocyclones - Prediction of Cut-Size [J]. Minerals Engineering, 2007, (20): 395-406.

[213] 吴持恭. 水力学 (下) [M]. 北京: 高等教育出版社, 2006.

[214] Thomas D., Penieot P., Conial P.. Clogging of Fibrous Filters by Solid Aerosol Particles Experimental and Modelling Study [J]. Chemical Engineering Science, 2000, (56): 3549-3561.

[215] 中华人民共和国水利部. 微灌用筛网过滤器: SL/T 68—1994 [S]. 北京: 中国水利水电出版社, 1994.

[216] 宗全利, 刘飞, 刘焕芳, 等. 大田滴灌自清洗网式过滤器水头损失试验 [J]. 农业工程学报, 2012, 28 (16): 86-92.

[217] 唐立夫, 王维一, 张怀清. 过滤机 [M]. 北京: 机械工业出版社, 1984.

[218] 克莱德·奥尔, 邵启祥. 过滤理论与实践 [M]. 北京: 国防工业出版社, 1982.

[219] 文琪. 全自动自清洗过滤器机理分析及控制系统研究 [D]. 杭州: 浙江大学, 2004.

[220] 丁启圣, 王维一. 新型实用过滤技术 [M]. 北京: 冶金工业出版社, 2011.

[221] 于忠臣, 王松, 吴国忠, 等. 压力过滤器理论反冲洗时间的确定 [J]. 哈尔滨工业大学学报, 2006, 38 (8): 1267-1269.

[222] Adin A, Dean L., Nasser A., et al. characterization and destabilization of spen filter backwash

water particles [J]. Wat. Sci. Tech. Water supply，45（2）：115－122.

[223] 刘俊新，李奎白. 滤池气水反冲洗时排水浊度变化的数学模式 [J]. 哈尔滨建筑工程学院学报，1989，22（4）：60－67.

[224] Launder，B. E.，Spalding，et al. The numerical computation of turbulent flow. Computational Methods in Applied Mechanical Engineering，3. pp269－289

[225] 唐家鹏. FLUENT 14.0 超级学习手册 [M]. 北京：人民邮电出版社，2013.

[226] 丁源，王清. ANSYS ICEM CFD 从入门到精髓 [M]. 北京：清华大学出版社，2013.

[227] 张洪伟，高相胜，张庆余. ANSYS 非线性有限元分析方法范例应用 [M]. 北京：中国水利水电出版社，2013.

[228] 孙帮成，李明高. ANSYS FLUENT 14.0 仿真分析与优化设计 [M]. 北京：机械工业出版社，2013.

[229] 张巍. 微孔陶瓷过滤法控制燃煤窑炉黑烟污染的理论研究 [D]. 长沙：湖南大学，2011.

[230] 张洪才，刘宪伟 孙长春. ANSYS Workbench 14.5 数值模拟工程实例解析 [M]. 北京：人民邮电出版社，2013.

[231] 孙兵兵，陈金瓶. ANSYS ICEM CFD 网格划分技术实例详解 [M]. 北京：人民邮电出版社，2016.

[232] 韩占忠，王敬，兰小平. FLUENT：流体工程仿真计算实例与应用 [M]. 北京：北京理工大学出版社，2014.

[233] 丁欣硕，焦楠. FLUENT 14.5 流体仿真计算从入门到精髓 [M]. 北京：清华大学出版社，2014.

[234] 何绪蕾. 流砂过滤器应用研究 [D]. 北京：中国石油大学，2008.

[235] 秦微. 膜过滤器内流场的数值模拟研究 [D]. 北京：中国石油大学，2013.

[236] 宁国立. 旋涡式油过滤器数值模拟研究 [D]. 南京：南京航空航天大学，2014.

[237] S. Hatukai，Y. Ben－Tzur，M. Rebhun. Particle counts and size distribution in system design for removal of turbidity by granular deep bed filtration [J]. Wat. Sci. Tech.，1997，36（4）：225－230.

[238] A. Adin. Particle characteristic：A key factor in effluent treatment and resuee [J]. Wat. Sci. Tech.，1999，40（4.5）：67－74.

[239] A. Adin. Clogging in irrigation systems reusing ponf effluents and its prevention [J]. Wat. Sci. Tech.，1987，19（12）：323－328.